UN DELIZIOSO OSPITE SGRADITO

Scopriamo insieme l'origine, la pesca e come cucinare il Granchio Blu

VITTORIA BUGLIATTI

Alla mia famiglia.

Sommario

Ringraziamenti

Desidero esprimere un ringraziamento speciale al capriccioso destino che ha deciso di far sbarcare i granchi blu nei nostri amati mari del Mediterraneo. Nonostante inizialmente avessero pianificato un'avventura "stuzzicante" tutta per sé, è chiaro che non avevano considerato la nostra fame di sfide culinarie e la nostra determinazione a trasformare ogni ostacolo in un'opportunità. Il passaggio dai fasti esotici alle cucine del Mediterraneo potrebbe sembrare una scorciatoia bizzarra, ma è proprio questa strada imprevista che ha aperto le porte a una nuova e affascinante avventura culinaria.

La natura ci ha fatto dono di una minaccia marina insolita, e noi, in tutta la nostra sapienza gastronomica, l'abbiamo trasformata in un'occasione unica. Come il mastro cioccolatiere che trasforma il cacao amaro in cioccolato prelibato, abbiamo preso questo granchio blu dalla sua oscura posizione e lo abbiamo portato in primo piano sulla tavola, celebrandone il sapore e la versatilità. In un mondo che spesso si arrende alle avversità, noi ci siamo alzati per combattere, padelle in pugno, dimostrando che la forza di trasformare una minaccia in un'opportunità è la chiave per vincere qualsiasi sfida, sia essa culinaria o della vita. Questo libro è il mio modesto contributo alla "guerra contro il granchio blu", una dimostrazione di come possiamo affrontare le insidie con creatività, passione e una sana dose di umorismo gastronomico.

UN DELIZIOSO OSPITE SGRADITO -
*Scopriamo insieme l'Origine, la Pesca
e come cucinare il Granchio Blu*

1

Introduzione

Nel cuore scintillante del Mediterraneo, un misterioso viaggiatore si è stabilito nei mari, portando con sé timore, fascino e un sapore ineguagliabile: il granchio blu. Questa creatura affascinante, con il suo mantello di azzurro profondo, ha fatto il suo ingresso non gradito nell'ecosistema marino con una storia intricata e un impatto senza precedenti.

Come una favola di antichi marinai, si narra che questo granchio sia giunto nelle acque del Mediterraneo portato dalle correnti dell'Oceano Atlantico, oppure che sia stato trasportato su incrociatori. Ciò che è certo è che, una volta insediato, il granchio blu ha iniziato a danzare con eleganza tra i riflessi solari, aggiungendo una nota di azzurro tenebra in panorama affascinante.

Ma ogni dono ha un prezzo, e la comparsa del granchio blu non è stata un'eccezione. Mentre l'azzurro dei suoi gusci catturava gli occhi, dietro le quinte un gioco di equilibri ecologici stavano per subire una svolta: l'arrivo del granchio blu ha avuto l'effetto di una pietra lanciata in uno stagno tranquillo dove increspature inaspettate si sono propagate attraverso la catena alimentare marina. La competizione per il cibo, la predazione e la sopravvivenza sono diventate sfide più complesse, mentre altre specie venivano messe alla prova.

Ma cosa rende il granchio blu così particolare? Le sue caratteristiche affabili e misteriose svolgono un ruolo cruciale. I pizzetti curiosi che ondeggiano nell'acqua, gli occhi scuri che scrutano il mondo circostante e il suo mantello d'azzurro ne fanno un abitante inconfondibile del Mediterraneo. Lungi dall'essere semplicemente un ospite, il granchio blu ha messo a punto adattamenti sorprendenti per navigare nei nuovi ambienti, sviluppando un'agilità e un senso di sopravvivenza che lo rendono una parte essenziale del quadro marino.

E mentre il granchio blu svolge il suo ruolo nel mondo sottomarino, offre anche un banchetto di sapori irresistibili agli abitanti di terra. Il connubio tra la sua carne succosa e le sfumature del mare produce una prelibatezza culinaria apprezzata da chef e gourmand di tutto il Mediterraneo. La sua carne, ricca e tenera, si presta a un'infinità di piatti, dai primi piatti di pasta alle grigliate estive fino al dolce. Ma non è solo la consistenza e il sapore a distinguere il granchio blu: è l'essenza stessa dell'oceano che si riversa nelle nostre cucine, un pezzo di mare in ogni boccone.

Questo libro è un viaggio attraverso le acque dell'origine del granchio blu, svelando i segreti della sua introduzione nel Mediterraneo, esplorando le sfide che ha presentato all'ecosistema, immergendosi nelle sue caratteristiche affascinanti e celebrando il connubio tra gusto e le caratteristiche organolettiche che lo rendono un tesoro culinario.

UN DELIZIOSO OSPITE SGRADITO -
*Scopriamo insieme l'Origine, la Pesca
e come cucinare il Granchio Blu*

Alle origini del Granchio Blu

Come abbiamo visto l'origine del granchio blu nel Mediterraneo è avvolta in una nebbia di mistero che si intreccia con le correnti marine e le storie tramandate da generazioni di pescatori e marinai. Come una storia narrata al chiaro di luna, la sua comparsa nelle acque del Mediterraneo è stata affascinante e misteriosa, come se fosse giunto portato dalle ali di una sirena o dal soffio di Nettuno stesso.

Si narra che il granchio blu sia arrivato come un ambasciatore dal lontano Atlantico, sospinto dalle correnti che legano le terre e i mari. O forse è stato un intraprendente marinaio a portare con sé un esemplare di questa creatura, come un trofeo dalle terre esotiche. Le storie si intrecciano, creando un velo di leggenda che si adatta perfettamente al carattere enigmatico del granchio blu.

Nonostante le speculazioni sulla sua origine, una cosa è certa: il granchio blu ha messo radici nelle acque del Mediterraneo, insediandosi come un pittore che aggiunge tocchi di colore a un quadro già sorprendente. È come se avesse sempre fatto parte del paesaggio marino, anche se il suo arrivo ha scosso la catena alimentare e creato una sinfonia di adattamenti tra le creature che abitano queste acque.

Ogni introduzione di una nuova specie nella natura porta con sé storie di incontri e scoperte. Nel caso del granchio blu, marinai e pescatori hanno avuto il privilegio di essere i primi a interagire con questa creatura azzurra. Le taverne lungo le coste raccontano di pescatori che hanno trovato nelle loro reti queste creature dai colori sorprendenti, inizialmente confusi e incuriositi da questo nuovo ospite del mare. Le leggende locali parlano di pescatori che hanno visto il granchio blu come un dono dagli dei del mare, un segno di buona fortuna o persino un protettore delle acque.

In alcune comunità costiere, il granchio blu è diventato un simbolo del cambiamento climatico, un esempio di come la natura può sorprenderci e risvegliare il senso di pericolo dell'uomo. Le storie di come il granchio blu ha trovato la sua strada attraverso le reti dei pescatori e nelle tavole dei ristoranti, riportando un tocco di novità e un sapore inaspettato, sono diventate parte del tessuto delle comunità costiere mediterranee, mai come nell'estate del 2023.

UN DELIZIOSO OSPITE SGRADITO -
Scopriamo insieme l'Origine, la Pesca
e come cucinare il Granchio Blu

3

Il blu nell'azzurro - l'impatto sul Mediterraneo

L'arrivo del granchio blu nel Mediterraneo ha scatenato una serie di eventi che hanno avuto un profondo impatto sull'ecosistema marino. Come una pedina in un intricato gioco di scacchi, il granchio blu ha innescato una serie di reazioni a catena che hanno influenzato altre specie marine, la catena alimentare e la complessità della vita sottomarina.

Uno dei primi cambiamenti evidenti causati dall'introduzione del granchio blu è avvenuto nella catena alimentare. Come predatore e preda, il granchio blu ha stabilito nuove dinamiche all'interno dell'ecosistema. Le sue abitudini alimentari varie e spesso aggressive hanno innescato una lotta per le risorse, dove il granchio blu è diventato una figura centrale.

L'introduzione di una nuova specie può spostare gli equilibri ecologici delicati. Mentre il granchio blu si è adattato al suo nuovo habitat, alcune specie di crostacei e molluschi sono state messe sotto pressione. La predazione da parte del granchio blu ha creato una competizione più intensa per il cibo, costringendo altre specie a modificare i loro comportamenti o cercare rifugi in nuovi habitat.

Nonostante le sue caratteristiche affascinanti e il suo valore culinario, la presenza del granchio blu ha innescato dibattiti riguardo agli impatti che potrebbe avere sull'equilibrio ecologico della regione.

Uno dei principali timori è legato alla competizione per le risorse alimentari. Il granchio blu è noto per la sua natura predatrice e la sua voracità nell'alimentarsi di una vasta gamma di organismi marini. Questo comportamento può mettere in competizione le specie native del Mediterraneo, creando una maggiore pressione sulla disponibilità di cibo. La conseguente diminuzione delle risorse potrebbe avere effetti a cascata lungo la catena alimentare, influenzando altre specie marine e causando cambiamenti nei rapporti predator-preda.

La predazione è un altro aspetto preoccupante. Il granchio blu, con le sue forti chele e il suo appetito insaziabile, potrebbe predare specie autoctone di crostacei e molluschi. Questa predazione sta già avendo un impatto negativo sulle popolazioni locali, mettendo a rischio la sopravvivenza di specie già adattate all'ambiente mediterraneo. Il risultato potrebbe essere un indebolimento dell'ecosistema nel suo insieme, con possibili conseguenze impreviste per la catena alimentare.

L'alterazione delle catene alimentari è una preoccupazione ancora più ampia. Con il suo ruolo di predatore e preda, il granchio blu potrebbe causare cambiamenti nella struttura e nella dinamica delle catene alimentari marine. Questo potrebbe influenzare indirettamente le interazioni tra diverse specie, portando a uno squilibrio nell'ecosistema. L'introduzione di una nuova specie può avere effetti a catena imprevedibili, rendendo difficile prevedere quali specie ne saranno colpite e in che modo.

Una delle preoccupazioni più gravi è però legata alla possibilità di una diffusione incontrollata del granchio blu. Le specie introdotte possono infatti prosperare in modo eccessivo in un nuovo habitat, sfruttando la mancanza di predatori naturali o di controlli efficaci. Questo potrebbe portare a un aumento esponenziale delle popolazioni di granchio blu, creando ulteriori pressioni sull'ecosistema e amplificando gli impatti negativi.

Gli aspetti economici non possono essere trascurati. Gli impatti negativi del granchio blu sull'ecosistema possono avere conseguenze economiche significative. La diminuzione delle risorse ittiche autoctone o il cambiamento nelle dinamiche delle attività di pesca possono danneggiare

UN DELIZIOSO OSPITE SGRADITO -
*Scopriamo insieme l'Origine, la Pesca
e come cucinare il Granchio Blu*

le comunità costiere che dipendono dall'industria della pesca per il loro sostentamento. Ciò potrebbe avere ripercussioni socioeconomiche a lungo termine, influenzando le fonti di reddito e la sostenibilità delle comunità locali.

In conclusione, nonostante il fascino e il valore culinario del granchio blu, la sua introduzione nel Mediterraneo presenta rischi significativi per l'ecosistema marino. È essenziale monitorare attentamente la sua diffusione e adottare misure di gestione adeguate a mitigare gli impatti negativi. La comprensione di queste sfide è fondamentale per preservare la ricchezza naturale del Mediterraneo e per garantire che le future generazioni possano continuare a godere delle meraviglie del mare.

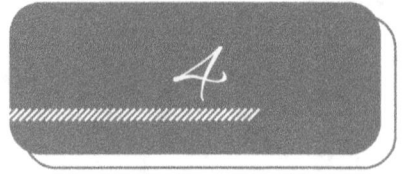

Un kaledoscopio di colori nei nostri mari

Nel Mediterraneo, è possibile trovare diverse specie di granchi, ognuna con le sue caratteristiche uniche e potenziali utilizzi nelle ricette. Ecco alcune delle specie di granchi più comuni nel Mediterraneo e le loro caratteristiche principali:

◪ Il Granchio Blu (Callinectes sapidus) caratterizzato da un colore azzurro intenso, le appendici potenti e il sapore delicato della sua carne. Le sue carni sono spesso protagoniste in ricette di zuppe, risotti, antipasti e primi piatti, sfruttando la versatilità del suo sapore in diverse preparazioni culinarie.

◪ Il Granchio Peloso (Pilumnus hirtellus) si distingue per le sue zampe pelose e il corpo marrone rossastro. La sua carne, dolce e delicata, trova spazio in insalate di mare, zuppe e sughi per la pasta, donando un tocco gustoso e fresco.

◪ Il Granchio Verde (Carcinus aestuarii), dal colore verde oliva o marrone, offre una carne apprezzata per la sua tenerezza e dolcezza. Piatti di pasta, zuppe e insalate di mare diventano irresistibili grazie al suo contributo.

◪ Il Granchio di Fango (Scylla serrata) è noto per le sue dimensioni considerevoli e la carne succulenta. Il suo sapore unico caratterizza preparazioni fritte, grigliate o al forno, spesso utilizzato nella cucina asiatica, in piatti come il chili crab.

◪ Il Granchio Violaceo (Plagusia chabrus) è riconoscibile per il suo colore viola brillante e le possenti pinze. La carne di questo granchio, con il suo sapore intenso, aggiunge una nota distintiva a

UN DELIZIOSO OSPITE SGRADITO -
*Scopriamo insieme l'Origine, la Pesca
e come cucinare il Granchio Blu*

piatti più complessi come torte di granchio e preparazioni di pesce misto.

▨ Il Granchio Verde Marmorizzato (Inachus dorsettensis) presenta caratteristiche chiazze verdi e marroni sul carapace. La sua carne, dal sapore delicato, si presta a varie preparazioni come zuppe di pesce e piatti di pasta, completando i piatti con un tocco di eleganza.

Quando si decide di utilizzare le diverse specie di granchi nelle ricette, è fondamentale considerare il loro sapore, la consistenza e le caratteristiche organolettiche specifiche. Sperimentare con queste varietà di granchi apre la strada a scoperte culinarie appassionanti, grazie ai profili di sapore unici di ciascuna specie e alle loro molteplici possibilità di preparazione. È essenziale rispettare le pratiche di pesca sostenibile e le regolamentazioni locali per garantire che le specie di granchi siano gestite in modo responsabile, preservando così il patrimonio culinario e marino per le future generazioni.

5

Nel blu dipinto di blu - Le caratteristiche

La caratteristica più distintiva del granchio blu è, naturalmente, il suo colore unico. Come il nome suggerisce, il granchio blu sfoggia un azzurro intenso e affascinante, che varia da tonalità più chiare a sfumature più profonde. Questo azzurro può variare leggermente in base alla luce e all'ambiente circostante, creando un gioco di colori che sembra quasi dipinto a mano. Questo colore distintivo non solo rende il granchio blu un individuo inconfondibile, ma potrebbe anche servire come camuffamento in alcune situazioni o come forma di comunicazione visiva con altri granchi blu.

In termini di dimensioni, il granchio blu ha un corpo relativamente piccolo ma ben proporzionato. Solitamente, la sua larghezza varia da circa 10 a 20 centimetri, rendendolo un ospite discreto ma notevole del mondo sottomarino. La sua forma è elegante, con un carapace leggermente convesso che copre il suo corpo e si espande in due lobi lateralmente. Questa conformazione anatomica gli permette di muoversi con agilità tra le rocce e le crepe sottomarine, sfruttando il suo corpo a scudo per la protezione.

Le appendici del granchio blu aggiungono un ulteriore livello di affascinante complessità alla sua struttura corporea. Le sue chele, utilizzate per catturare il cibo e difendersi dai predatori, sono affusolate e potenti. La chele della parte anteriore, detta chela maggiore, è solitamente più grande e può variare da un azzurro intenso a sfumature più scure. La seconda chela, chiamata chela minore, è spesso più piccola e meno prominente.

UN DELIZIOSO OSPITE SGRADITO -
*Scopriamo insieme l'Origine, la Pesca
e come cucinare il Granchio Blu*

Oltre alle chele, le appendici del granchio blu includono le sue gambe, che si estendono dal suo corpo come ramificazioni intricate. Queste gambe gli consentono di spostarsi agilmente tra le superfici marine, arrampicarsi su rocce e radici marine e persino scavare piccole tane nel fondo sabbioso. Ogni appendice è un'opera d'arte di adattamenti, modellata dalla natura per soddisfare le esigenze di sopravvivenza e la cattura del cibo.

La storia del granchio blu è scritta anche nel suo ciclo di vita, un viaggio di trasformazioni che spazia dalla nascita alla maturità. Inizia con le uova, depositate dalla femmina in una massa compatta e protettiva sotto il suo corpo. Queste uova, di colore variabile, sono portate con cura fino a quando non si schiudono, liberando le larve in mare aperto. Le larve passano attraverso una serie di stadi, ciascuno segnato da una muta, una sorta di rinascita in cui il vecchio esoscheletro viene sostituito da uno nuovo e più grande. Dopo diverse mute, le larve sviluppano una forma che ricorda da vicino quella del granchio adulto. A questo punto, cercano un habitat adatto, spesso nascondendosi tra le alghe e le rocce. Qui inizieranno il processo di crescita accelerata, attraverso una serie di mute frequente per consentire al corpo di adattarsi al suo rapido sviluppo. Con il passare del tempo, le mute diventano meno frequenti e il granchio raggiunge la sua dimensione adulta, pronta a svolgere il suo ruolo nell'ecosistema marino.

Il granchio blu è un maestro dell'adattamento, navigando tra le sfide e le opportunità del suo ambiente. Di giorno, spesso si nasconde tra le fessure delle rocce o si rifugia nelle tane scavate nel fondo sabbioso, uscendo di notte per cacciare e nutrirsi. È un predatore opportunistico, catturando piccoli crostacei, molluschi e detriti marini con le sue potenti chele.

Quando minacciato, il granchio blu può dimostrare un comportamento interessante: può ritrarre rapidamente le sue zampe e chiudere le chele, cercando di sembrare più piccolo e meno minaccioso. Questa tattica è un meccanismo di difesa comune tra molti crostacei.

Il granchio blu è noto per le sue abitudini migratorie stagionali. Durante i mesi più freddi, spesso si sposta verso acque più profonde, forse per trovare temperature più adatte alle sue esigenze. Questi movimenti stagionali sono parte integrante del suo comportamento, che si sviluppa in risposta alle variazioni climatiche e alle risorse disponibili.

UN DELIZIOSO OSPITE SGRADITO -
Scopriamo insieme l'Origine, la Pesc
e come cucinare il Granchio Blu

6

La pesca del granchio blu - Tecniche, strumenti e sostenibilità

La pesca del granchio blu nel Mediterraneo rappresenta un'attività di grande interesse, richiedendo competenza tecnica e rispetto per l'ambiente marino. Questi prelibati crostacei, noti come Callinectes sapidus, sono ampiamente distribuiti lungo le coste mediterranee, favorendo habitat con fondali sabbiosi e fangosi, spesso in prossimità di estuari, lagune e acque costiere ricche di nutrienti.

Le tecniche di pesca per il granchio blu si basano comunemente sull'utilizzo di trappole e nasse, strumenti che permettono una cattura mirata riducendo al minimo i danni collaterali. Le trappole a gabbia, solitamente esche con pesce o resti di pesce, attirano i granchi all'interno tramite ingressi che consentono l'entrata ma rendono difficile la fuga. Le nasse, invece, presentano strutture rettangolari con aperture strategiche per intrappolare i crostacei. L'uso di esche aromatiche è cruciale per attirare i granchi all'interno degli attrezzi.

Le caratteristiche delle trappole e delle nasse giocano un ruolo chiave nella pesca del granchio blu. I materiali devono resistere all'ambiente marino, spesso sono impiegati metalli resistenti o plastica dura. La dimensione delle trappole è importante per permettere l'ingresso dei granchi ma impedire la fuga. Gli ingressi, progettati con precisione, assicurano che una volta all'interno, i granchi non possano uscire agevolmente. L'efficacia dell'esca è fondamentale per attirare i granchi all'interno delle trappole.

La sostenibilità della pesca del granchio blu è un aspetto cruciale. Le normative locali sulla pesca devono essere rispettate per garantire che la popolazione di granchi non sia danneggiata e che l'ecosistema marino sia protetto. Limiti di cattura e taglie minime sono spesso imposti per evitare il sovrasfruttamento. L'etichettatura delle trappole e nasse è essenziale per prevenire il furto e l'uso non autorizzato.

In conclusione, la pesca del granchio blu nel Mediterraneo richiede non solo competenza tecnica nella scelta e nell'uso delle trappole e delle nasse, ma anche un impegno profondo per una pesca sostenibile. Rispettare le leggi e i regolamenti locali è fondamentale per preservare la biodiversità marina e garantire che le generazioni future possano continuare a godere della bellezza e del sapore unico di questi crostacei.

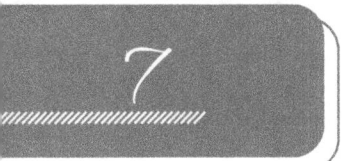

7

UN DELIZIOSO OSPITE SGRADITO -
*Scopriamo insieme l'Origine, la Pesca
e come cucinare il Granchio Blu*

Sembra facile dire
"del granchio blu" –
La scelta

Quando ci si avvicina alla selezione del granchio blu, è fondamentale considerare attentamente ogni aspetto per garantire la freschezza, la qualità e la sicurezza del prodotto. Ogni dettaglio, dall'aspetto generale alla consistenza, gioca un ruolo cruciale nel determinare se l'esemplare è un'ottima scelta per le tue preparazioni culinarie.

Iniziamo analizzando l'aspetto generale del granchio blu. L'aspetto dovrebbe riflettere vitalità e freschezza. Cercare un colore uniforme che spazia dal blu scuro al blu-verde indica una buona qualità. Macchie o sfumature opache potrebbero essere segni di un granchio che potrebbe non essere al massimo della freschezza.

Il carapace, che riveste esternamente il granchio, rivela molte informazioni sulla sua condizione. Controlla con attenzione se presenta crepe, rotture o parti mancanti. Un carapace integro suggerisce che il granchio è stato ben maneggiato e conservato, mentre danni al carapace possono indicare un deterioramento della freschezza. Le zampe del granchio costituiscono un altro indicatore chiave. Devono essere intatte e prive di danni visibili. Zampe rotte o mancanti potrebbero suggerire che il granchio sia stato sottoposto a stress o non sia stato maneggiato con cura.

L'olfatto è un sensore potente quando si tratta di valutare la freschezza del granchio blu. Un odore fresco e pulito, simile a quello del mare, è un segno positivo. Al contrario, un odore sgradevole o ammoniacale potrebbe suggerire che il granchio è in stato di deterioramento.

I dettagli sugli occhi e le antenne sono altrettanto importanti. Gli occhi dovrebbero apparire sporgenti e lucidi, riflettendo vitalità. Le antenne, le strutture filiformi che sporgono dalla testa, dovrebbero essere intatte e in grado di muoversi liberamente. Questi segni indicano un granchio attivo e fresco.

Il movimento è un indicatore diretto della vitalità del granchio. Se hai l'opportunità di osservare il granchio in un ambiente controllato, cerca esemplari che si muovono attivamente e reagiscono al tocco. Questo è un chiaro segno che il granchio è ancora in buona salute.

La consistenza e il peso del granchio sono indicatori tangibili. Quando lo prendi in mano, dovrebbe sentirsi solido e pesante. Questa sensazione suggerisce un'ottima densità e idratazione, entrambe indicatori di freschezza.

In conclusione, l'arte di selezionare il granchio blu perfetto richiede l'osservazione e la valutazione di molteplici fattori. Questa attenzione ai dettagli assicura che tu stia ottenendo un prodotto di alta qualità e freschezza, che si tradurrà in un'esperienza culinaria eccezionale e sicura.

UN DELIZIOSO OSPITE SGRADITO -
Scopriamo insieme l'Origine, la Pesca
e come cucinare il Granchio Blu

Nel cuore del blu -
Come pulire il granchio blu

La polpa del granchio blu è una combinazione perfetta di tenero e succulento, con un profilo di sapore che varia da delicato a leggermente dolce, rendendola un ingrediente versatile per molteplici piatti. L'estrazione della polpa del granchio blu è un processo che richiede pazienza e abilità artigianale. Le appendici, incluse le poderose chele e le sottili zampe, celano piccole porzioni di polpa prelibata. Per ottenere il massimo dalle carni, è fondamentale smontare accuratamente il granchio, evitando di sprecare alcuna parte preziosa. Quando si tratta di quantità di polpa ricavata da un esemplare adulto di granchio blu, è importante considerare che il rendimento varia in base alle dimensioni dell'animale e alle tecniche di estrazione utilizzate. In media, un granchio blu adulto può fornire circa 100-200 grammi di polpa. Tuttavia, vale la pena sottolineare che ogni parte del granchio, inclusi i piccoli recessi delle zampe, può essere sfruttata per ottenere ogni singola goccia di sapore.

Sebbene il processo possa sembrare complesso, seguendo alcuni passaggi chiave è possibile affrontare questa attività con successo con gli strumenti giusti: forbici da cucina o un coltello affilato, un tagliere resistente, guanti da cucina (opzionali ma utili). Vediamoli nel dettaglio:

☑ **Rimuovi la Corazza Superiore:** Identifica una fessura vicino al bordo della corazza superiore del granchio. Con cura, usa delle forbici da cucina o un coltello per aprire la corazza. Solleva delicatamente la parte superiore e mettila da parte.

☑ *Elimina le Filamentose:* All'interno della corazza, troverai le filamentose o branchie. Rimuovile con delicatezza e scartale. Questa operazione è fondamentale per migliorare la qualità della carne e rimuovere parti indigeribili.

☑ *Dividi il Corpo Principale:* Taglia il corpo principale in due parti lungo la lunghezza. Questo aprirà il granchio e ti consentirà di accedere alla carne all'interno.

☑ *Pulizia delle Zampe:* Le zampe contengono carne preziosa. Con forbici o coltello, apri le zampe lungo i bordi e estrai la carne con attenzione. Un bastoncino o uno stuzzicadenti possono essere utili per aiutare nell'estrazione.

☑ *Risciacquo Finale:* Una volta completata la pulizia, sciacqua attentamente la carne del granchio blu sotto acqua corrente fredda. Questo passaggio è cruciale per rimuovere eventuali residui e garantire la freschezza della carne.

☑ *Verifica dei Frammenti:* Esegui una verifica accurata della carne per assicurarti che non ci siano frammenti di guscio rimasti. Anche i più piccoli frammenti possono influenzare negativamente la qualità del piatto finito.

La pulizia del granchio blu richiede inizialmente pazienza e pratica. Mentre la corazza dura può sembrare intimidatoria, con gli strumenti giusti e una mano leggera è possibile estrarre la carne succulenta con successo. Mantieni sempre la pulizia e l'igiene durante il processo, e assicurati di trattare la carne con il rispetto che merita. Con il tempo, acquisirai maggiore familiarità con la procedura e sarai in grado di sperimentare con varie ricette per creare piatti deliziosi.

UN DELIZIOSO OSPITE SGRADITO -
*Scopriamo insieme l'Origine, la Pesca
e come cucinare il Granchio Blu*

Dalla padella alla blu - Cotture

Senza dubbio, la preparazione del granchio blu richiede una cura particolare per preservarne le qualità gustative e la delicatezza della carne. Ogni tecnica di cottura offre un'esperienza culinaria unica, esaltando diversi aspetti del suo sapore e della sua consistenza. Vediamo quindi ulteriori dettagli sulle tecniche di cottura e come ciascuna influisce sulla carne di questo prelibato crostaceo:

☒ Cottura al Vapore:
La cottura al vapore è un metodo di cottura delicato che preserva la naturale delicatezza della carne di granchio blu. Posizionando il granchio blu in una pentola da vapore sopra acqua bollente e coprendolo con un coperchio, si crea un ambiente in cui il calore circonda gradualmente il crostaceo. Questo processo lento e controllato aiuta a mantenere la consistenza succosa e la dolcezza della carne. La carne del granchio blu cucinata al vapore rimane opaca e facilmente separabile dal carapace, garantendo un'esperienza gustativa appagante.

☒ Cottura alla Griglia:
La cottura alla griglia è un'ottima opzione per coloro che desiderano un mix di sapore dolce e note affumicate. Preparando il granchio blu per la griglia, aprendo il carapace e spennellandolo con olio d'oliva e aromi, si crea una base per una cottura piena di profondità. La carne, esposta direttamente al calore e al fumo del carbone o delle pietre laviche, sviluppa una crosticina esterna croccante mentre il

suo interno mantiene la sua succosità. Le note affumicate si integrano armoniosamente con la dolcezza naturale del granchio blu, regalando un'esperienza gustativa sorprendente.

▨ Cottura al Forno:

La cottura al forno è particolarmente adatta per creare piatti compatti e strutturati a base di carne di granchio blu. Mescolando la carne con ingredienti come pangrattato, uova e aromi, si ottiene una miscela coesa che viene modellata in tortine o crocchette. Durante la cottura, la parte esterna sviluppa una crosta dorata e croccante, mentre l'interno rimane morbido e succoso. Questo equilibrio di consistenze crea un piatto che soddisfa sia visivamente che al palato.

▨ Cottura in Padella:

La cottura in padella offre rapidità e convenienza senza compromettere il sapore del granchio blu. Scaldando una padella con olio d'oliva o burro, si crea una superficie calda che cuocerà il granchio blu rapidamente. La rapida esposizione al calore conferisce una crosticina dorata e croccante alla superficie, mentre l'interno rimane tenero e succoso. Questo metodo è ideale quando si desidera un pasto saporito in poco tempo.

▨ Cottura in Salsa:

La cottura in salsa è un modo versatile per utilizzare la carne di granchio blu in diverse preparazioni. Aggiungendo il granchio blu a zuppe, stufati o sughi, la sua dolcezza si fonde con gli altri ingredienti, creando un profondo equilibrio di sapori. La carne si disintegra leggermente, creando una consistenza avvolgente nel piatto. Questo metodo è perfetto quando si vuole una ricca profondità di sapore in ogni cucchiaiata.

▨ Cottura al Microonde:

La cottura al microonde è veloce e comoda, ma richiede attenzione

UN DELIZIOSO OSPITE SGRADITO -
*Scopriamo insieme l'Origine, la Pesca
e come cucinare il Granchio Blu*

per non surriscaldare la carne. Riscaldando gradualmente la carne in intervalli brevi a potenza media, si evita che diventi gommosa o asciutta. Questo metodo è adatto quando si ha poco tempo ma si vuole comunque gustare il sapore del granchio blu.

In conclusione, avendo acquisito una preziosa conoscenza riguardante un segreto del granchio blu, è giunto il momento di scoprire ricette in grado di esaltare appieno la delicatezza della sua carne, contribuendo così alla preservazione delle nostre coste.

Le seguenti ricette sono pensate per soddisfare circa 2-4 persone, a seconda delle dimensioni delle porzioni e dell'appetito dei commensali. Ti potrebbe essere necessario adattare le quantità degli ingredienti in base al numero effettivo di persone che avrai il piacere di servire.

10

ANTIPASTI

Benvenuti in un mondo di sapori raffinati e prelibatezze marine. In questa serie di ricette, ti condurrò attraverso un assortimento di antipasti irresistibili, tutti creati con l'ingrediente principale: il granchio blu. Preparati a deliziare il palato con una selezione di prelibatezze che esalteranno al massimo il sapore unico di questa pregiata carne di mare.

UN DELIZIOSO OSPITE SGRADITO -
*Scopriamo insieme l'Origine, la Pesca
e come cucinare il Granchio Blu*

10.1

Crostini al Granchio Blu con Crema di Avocado

I crostini al granchio blu con crema di avocado sono un antipasto delizioso e raffinato, perfetto per sorprendere i tuoi ospiti con una combinazione di sapori freschi e gustosi. Questa ricetta ti guiderà passo dopo passo nella preparazione di questo piatto.

Ingredienti:

200 g di carne di granchio blu
1 avocado maturo
Succo di 1 limone
2 cucchiai di maionese
1 spicchio d'aglio, tritato finemente
1 cucchiaino di erba cipollina fresca, tritata
Sale e pepe nero q.b.
8 fette di pane croccante o baguette
Olio d'oliva extra vergine
Foglie di prezzemolo fresco, per guarnire

Istruzioni:

Preparazione dell'Avocado:

- Taglia l'avocado a metà, rimuovi il nocciolo e preleva la polpa con un cucchiaio.
- In una ciotola, schiaccia la polpa dell'avocado con una forchetta fino a ottenere una crema liscia.
- Aggiungi il succo di limone per evitare che l'avocado si ossidi e mescola bene.
- Aggiungi la maionese, l'aglio tritato e l'erba cipollina. Mescola fino a ottenere una crema omogenea.
- Aggiusta di sale e pepe nero secondo il tuo gusto. Metti da parte.
- Preparazione del Granchio Blu:
- Controlla la carne di granchio blu per assicurarti che sia pulita e priva di gusci o parti indesiderate.
- Taglia la carne di granchio in pezzi più piccoli per facilitarne la distribuzione sui crostini.

Tostatura delle Fette di Pane:

- Spennella leggermente le fette di pane con olio d'oliva extra vergine da entrambi i lati.
- Riscalda una padella o una griglia e tosta le fette di pane fino a quando sono croccanti e leggermente dorati.

Assemblaggio dei Crostini:

- Prendi le fette di pane tostate e spalma generosamente la crema di avocado su ciascuna fetta.
- Disponi i pezzi di carne di granchio blu sulla crema di avocado, distribuendoli in modo uniforme su tutti i crostini.

UN DELIZIOSO OSPITE SGRADITO -
*Scopriamo insieme l'Origine, la Pesca
e come cucinare il Granchio Blu*

Guarnizione:

Cospargi le foglie di prezzemolo fresco sopra i crostini per una nota di freschezza e colore.

Servizio:

I crostini al granchio blu con crema di avocado sono pronti per essere serviti. Puoi disporli su un piatto da portata e presentarli ai tuoi ospiti.

Questa ricetta crea una combinazione irresistibile tra la morbida e dolce carne di granchio blu e la crema di avocado fresca e aromatica. I crostini sono perfetti come antipasto in occasioni speciali o come piatto da condividere durante un incontro informale. La delicatezza del granchio blu si sposa meravigliosamente con la cremosità dell'avocado, creando una sinfonia di sapori che lascerà tutti soddisfatti.

Insalata di Mare al Granchio Blu

L'insalata di mare al granchio blu è un piatto leggero e fresco che unisce il sapore unico del granchio blu a una selezione di frutti di mare e ingredienti croccanti. Ecco come preparare questa deliziosa insalata.

Ingredienti:

Per l'Insalata:

200 g di carne di granchio blu
200 g di gamberi sgusciati e lessati
200 g di calamari cotti e tagliati a fette sottili
1 tazza di pomodorini ciliegia, tagliati a metà
1 cetriolo, tagliato a fette sottili
1 peperone rosso, tagliato a dadini
1 peperone giallo, tagliato a dadini
1 cipolla rossa, affettata sottile
Foglie di lattuga mista o rucola, lavate e asciugate

UN DELIZIOSO OSPITE SGRADITO -
*Scopriamo insieme l'Origine, la Pesca
e come cucinare il Granchio Blu*

Per la Salsa:

Succo di 1 limone
3 cucchiai di olio d'oliva extra vergine
1 spicchio d'aglio, tritato finemente
1 cucchiaino di senape di Dijon
Sale e pepe nero q.b.

Istruzioni:

Preparazione:

☑ Controlla la carne di granchio blu per assicurarti che sia pulita e priva di gusci o parti indesiderate.

☑ Taglia la carne di granchio in pezzi più piccoli per facilitarne la distribuzione nell'insalata.

☑ In una ciotola grande, unisci i gamberi lessati, i calamari cotti, i pomodorini ciliegia, il cetriolo, i peperoni rossi e gialli, la cipolla rossa e le foglie di lattuga mista o rucola.

☑ In una piccola ciotola, mescola il succo di limone, l'olio d'oliva extra vergine, l'aglio tritato e la senape di Dijon.

☑ Aggiusta di sale e pepe nero secondo il tuo gusto. Mescola bene la salsa.

☑ Mescola delicatamente tutti gli ingredienti per assicurarti che siano ben conditi e che la salsa si distribuisca uniformemente.

Servizio:

Trasferisci l'insalata di mare al granchio blu su piatti da portata individuali o in un grande piatto da condividere.

Puoi guarnire l'insalata con qualche foglia di lattuga o rucola in cima per una presentazione accattivante.

Servi l'insalata di mare al granchio blu come piatto principale leggero o come antipasto raffinato.

Questa insalata di mare al granchio blu è una festa di sapori del mare, arricchita dalla morbidezza del granchio blu e dalla varietà di frutti di mare. La salsa al limone e olio d'oliva aggiunge una nota fresca e accattivante che esalta i gusti naturali degli ingredienti. Questa ricetta è perfetta per un pranzo estivo leggero o per un'occasione speciale in cui desideri deliziare i tuoi ospiti con una prelibatezza di mare.

UN DELIZIOSO OSPITE SGRADITO -
*Scopriamo insieme l'Origine, la Pesca
e come cucinare il Granchio Blu*

10.3

Granchio Blu Croccante al Sesamo

Il Granchio Blu Croccante al Sesamo è un piatto irresistibilmente croccante e pieno di sapore, grazie all'aggiunta di semi di sesamo tostati.

Ecco come preparare questa gustosa delizia.

Ingredienti:

500 g di carne di granchio blu
1 tazza di farina di frumento
2 uova
1 tazza di semi di sesamo tostati
Sale e pepe nero q.b.
Olio vegetale per friggere

Istruzioni:

Preparazione del Granchio Blu:

☑ Controlla attentamente la carne di granchio blu per assicurarti che sia pulita e priva di gusci o parti indesiderate.

☑ Taglia la carne di granchio blu in pezzi di dimensioni uniformi, adatti per essere immersi nell'impasto.

Preparazione degli Ingredienti:

☑ In una ciotola, rompi le uova e sbattile leggermente per creare un composto omogeneo.

☑ In un piatto largo, mescola la farina di frumento con una generosa quantità di sale e pepe nero per insaporire l'impasto croccante.

☑ In un altro piatto largo, versa i semi di sesamo tostati.

Impanatura del Granchio Blu:

☑ Passa ciascun pezzo di carne di granchio blu prima nella farina, quindi nell'uovo sbattuto e infine nei semi di sesamo tostati, premendo leggermente per far aderire i semi.

Cottura:

☑ In una padella o pentola capiente, riscalda abbondante olio vegetale a temperatura di frittura (circa 175°C).

☑ Una volta che l'olio è caldo, friggi i pezzi di granchio blu impanati fino a quando sono dorati e croccanti, ciò dovrebbe richiedere circa 3-4 minuti.

☑ Usa una schiumarola per rimuovere delicatamente i pezzi croccanti dall'olio e posizionali su carta assorbente per eliminare l'eccesso di olio.

Servizio:

☑ Trasferisci i Granchi Blu Croccanti al Sesamo su un piatto da portata.

Puoi accompagnare questo piatto con una salsa a tua scelta, come una salsa agrodolce, maionese speziata o salsa di soia.

UN DELIZIOSO OSPITE SGRADITO -
*Scopriamo insieme l'Origine, la Pesca
e come cucinare il Granchio Blu*

Servi immediatamente mentre sono ancora caldi e croccanti per godere appieno della loro deliziosa consistenza.

Questi Granchi Blu Croccanti al Sesamo sono un'ottima scelta come antipasto o stuzzichino in una cena speciale o in un evento. La croccantezza dei semi di sesamo e la delicatezza della carne di granchio blu si fondono in un'esplosione di sapori e consistenze. Sono perfetti per stuzzicare l'appetito dei tuoi ospiti o per deliziarti con un piatto sfizioso tutto per te.

10.4

Bruschette al Granchio Blu e Mango

Le Bruschette al Granchio Blu e Mango sono un'esplosione di freschezza e sapore, combinando la dolcezza tropicale del mango con la delicatezza del granchio blu su crostini croccanti. Questa ricetta è perfetta come antipasto leggero o stuzzichino per una serata estiva.

Ingredienti:

200 g di carne di granchio blu, pulita e sminuzzata

1 mango maturo, sbucciato, senza nocciolo e tagliato a dadini

1 limone, il succo

2 cucchiai di cipolla rossa tritata finemente

2 cucchiai di peperone rosso tritato finemente

2 cucchiai di prezzemolo fresco tritato

Sale e pepe nero q.b.

8 fette di pane rustico (ad esempio baguette)

Olio d'oliva extra vergine

1 spicchio d'aglio (opzionale)

UN DELIZIOSO OSPITE SGRADITO -
*Scopriamo insieme l'Origine, la Pesca
e come cucinare il Granchio Blu*

Istruzioni:

Preparazione del Condimento al Granchio Blu:

- In una ciotola, mescola la carne di granchio blu sminuzzata con i dadini di mango.

- Aggiungi la cipolla rossa tritata, il peperone rosso tritato e il prezzemolo fresco.

- Spremi il succo di un limone sopra il composto e mescola delicatamente.

- Aggiungi sale e pepe nero a piacere, assicurandoti di bilanciare i sapori dolci e salati.

Preparazione delle Bruschette:

- Spazzola leggermente le fette di pane con olio d'oliva extra vergine su entrambi i lati. Puoi anche passare uno spicchio d'aglio sulla superficie del pane per un tocco di sapore.

- Riscalda una griglia o una padella antiaderente e tosta le fette di pane fino a quando sono croccanti e leggermente dorati su entrambi i lati.

Assemblaggio delle Bruschette:

- Distribuisci generosamente il condimento al granchio blu e mango su ciascuna fetta di pane tostato.

- Guarnisci le bruschette con un po' di prezzemolo fresco tritato per un tocco di colore e freschezza aggiuntiva.

Servizio:

- Disponi le bruschette su un piatto da portata e servi immediatamente.

▨ Queste bruschette sono perfette da gustare come anti-pasto o stuzzichino leggero durante un aperitivo o una cena informale.

Le Bruschette al Granchio Blu e Mango sono un mix di sapori sorprendenti che si fondono armoniosamente insieme. La dol-cezza del mango si bilancia con la delicatezza del granchio blu, creando un'esperienza gustativa fresca e appagante. Questo piat-to è ideale per festeggiare la stagione estiva o per soddisfare il desiderio di un'opzione leggera e saporita.

UN DELIZIOSO OSPITE SGRADITO -
*Scopriamo insieme l'Origine, la Pesca
e come cucinare il Granchio Blu*

10.5

Croissant salati al
Granchio Blu e Formaggio

I Croissant al Granchio Blu e Formaggio sono un'opzione deliziosa per una colazione o un brunch elegante. La combinazione della carne di granchio blu delicata con il formaggio fuso e il croissant burroso crea un piatto irresistibile che soddisferà i tuoi sensi.

Ingredienti:

4 croissant freschi
200 g di carne di granchio blu, pulita e sminuzzata
1/2 tazza di formaggio grattugiato (cheddar, gouda o formaggio a scelta)
1/4 di tazza di maionese
2 cucchiai di cipolla verde tritata finemente
1 cucchiaio di prezzemolo fresco tritato
Succo di mezzo limone
Sale e pepe nero q.b.
Burro fuso per spennellare

Istruzioni:

Preparazione del Ripieno al Granchio Blu:

▨ In una ciotola, mescola la carne di granchio blu sminuzzata con la maionese.

▨ Aggiungi la cipolla verde tritata e il prezzemolo fresco.

▨ Spremi il succo di mezzo limone sopra il composto e mescola delicatamente.

▨ Aggiungi sale e pepe nero a piacere, assicurandoti di bilanciare i sapori.

Preparazione dei Croissant:

▨ Taglia i croissant a metà nel senso della lunghezza, senza separare completamente le due metà.

▨ Con l'aiuto di un cucchiaio, rimuovi un po' della mollica interna per fare spazio al ripieno.

Assemblaggio dei Croissant:

▨ Riempire ogni croissant con una generosa porzione del ripieno al granchio blu.

▨ Cospargere una quantità generosa di formaggio grattugiato su ciascun croissant, in modo che il formaggio si fonda e si unisca al ripieno.

Cottura:

▨ Preriscalda il forno a 180°C (350°F).

▨ Disponi i croissant ripieni su una teglia rivestita con carta da forno.

▨ Spennella delicatamente la parte esterna dei croissant con burro fuso, per renderli dorati e croccanti durante la

UN DELIZIOSO OSPITE SGRADITO -
*Scopriamo insieme l'Origine, la Pesca
e come cucinare il Granchio Blu*

cottura.

☑ Cuoci i croissant in forno preriscaldato per circa 10-12 minuti, o finché sono dorati e il formaggio è fuso.

Servizio:

☑ Togli i croissant al granchio blu e formaggio dal forno e lasciali intiepidire leggermente.

☑ Servi i croissant su un piatto da portata, guarniti con un po' di prezzemolo fresco per un tocco di freschezza.

I Croissant al Granchio Blu e Formaggio sono un piatto indulgente che combina sapori e consistenze in modo irresistibile. La morbidezza del croissant si sposa con la cremosità del formaggio e la delicatezza del ripieno al granchio blu, creando un'esplosione di gusto in ogni morso. Questa ricetta è perfetta per sorprendere i tuoi ospiti durante un brunch o per coccolarti con una colazione speciale.

10.6

Pinsa romana al Granchio Blu e burrata

La pinsa romana è una deliziosa variante della pizza tradizionale, caratterizzata da una base croccante e leggera. Un tocco di granchio blu aggiungerà un sapore raffinato a questa ricetta. Ecco come preparare una pinsa romana gourmet al granchio blu:

Ingredienti

per l'Impasto:

300 g di farina di farro
200 g di farina di riso
200 g di farina di grano
400 ml di acqua
10 g di lievito di birra
1 cucchiaino di zucchero
2 cucchiai di olio d'oliva
Sale q.b.

UN DELIZIOSO OSPITE SGRADITO -
*Scopriamo insieme l'Origine, la Pesca
e come cucinare il Granchio Blu*

per il Condimento al Granchio Blu:

200 g di carne di granchio blu, cotta e sgranata
1 cipolla rossa, affettata sottilmente
2 spicchi d'aglio, tritati finemente
1 peperoncino rosso secco, tritato (opzionale)
Zest di limone
Succo di limone fresco
Prezzemolo fresco, tritato
Olio d'oliva extravergine
Sale e pepe nero q.b.
Formaggio fresco (come mozzarella o burrata)
per guarnire

Istruzioni:

Preparazione dell'Impasto:

☑ In una ciotola, sciogli il lievito di birra in 200 ml di acqua tiepida insieme allo zucchero. Lascia riposare per circa 10 minuti finché diventa schiumoso.

☑ In un'altra ciotola, mescola le tre tipi di farina con il sale. Aggiungi l'olio d'oliva e il lievito attivato. Mescola e inizia a impastare.

☑ Aggiungi gradualmente il resto dell'acqua e continua ad impastare fino a ottenere un impasto elastico e omogeneo. Copri la ciotola con un canovaccio e lascia lievitare in un luogo caldo per circa 1-2 ore, o finché l'impasto raddoppia di volume.

Preparazione del Condimento al Granchio Blu:

▨ In una padella, scalda un po' d'olio d'oliva a fuoco medio. Aggiungi la cipolla rossa affettata e l'aglio tritato. Soffriggi finché diventano morbidi e dorati.

▨ Aggiungi la carne di granchio blu nella padella e mescola bene con la cipolla e l'aglio. Aggiungi il peperoncino rosso secco tritato per un tocco di piccantezza, se desiderato.

▨ Aggiungi lo zest di limone e un po' di succo di limone fresco per ravvivare i sapori. Condisci con sale e pepe nero a piacere.

Assemblaggio e Cottura della Pinsa:

▨ Preriscalda il forno a 250°C (480°F).

▨ Riprendi l'impasto lievitato e stendilo su una teglia per pinsa o una teglia da forno, dandogli una forma ovale o rettangolare sottile.

▨ Distribuisci uniformemente il condimento al granchio blu sulla superficie dell'impasto.

▨ Inforna la pinsa nel forno preriscaldato e cuoci per circa 12-15 minuti, o finché la base diventa dorata e croccante.

▨ Una volta cotta, sforna la pinsa e cospargi prezzemolo fresco tritato e formaggio fresco (come mozzarella o burrata) sulla parte superiore.

▨ Servi la pinsa romana gourmet al granchio blu calda e tagliata a fette.

Questa pinsa romana gourmet al granchio blu è un'esplosione di sapori del mare e un'alternativa sofisticata alla pizza tradizionale. La base croccante si sposa perfettamente con la delicatezza del granchio blu e il tocco fresco del limone e del prezzemolo.

UN DELIZIOSO OSPITE SGRADITO -
*Scopriamo insieme l'Origine, la Pesca
e come cucinare il Granchio Blu*

10.7

Pizza al Granchio Blu e Pomodorini

La Pizza al Granchio Blu e Pomodorini è una combinazione sorprendente di sapori del mare e freschezza dei pomodorini. Questa pizza gourmet è perfetta per una serata speciale o per un'occasione in cui vuoi deliziare il palato con un piatto unico e gustoso.

Ingredienti:

Per la Base della Pizza:

1 palla di pasta per pizza (fatta in casa o comprata pronta)
Farina per la superficie di lavoro

Per il Condimento:

200 g di carne di granchio blu, pulita e sminuzzata
1 tazza di pomodorini ciliegini, tagliati a metà
1/2 tazza di salsa di pomodoro
1/2 tazza di mozzarella fresca, tagliata a cubetti
1/4 di tazza di formaggio grana grattugiato
1 spicchio d'aglio, tritato finemente
2 cucchiai di olio d'oliva

1 cucchiaino di origano secco
Pepe nero macinato fresco
Sale q.b.
Peperoncino rosso secco (opzionale)
Foglie di basilico fresco per guarnire

Istruzioni:

Preparazione della Base della Pizza:

▨ Stendi la palla di pasta per pizza su una superficie infarinata fino a ottenere uno spessore uniforme.

Preparazione del Condimento:

▨ In una padella, scalda l'olio d'oliva e aggiungi lo spicchio d'aglio tritato. Fai rosolare l'aglio finché è leggermente dorato.

▨ Aggiungi la carne di granchio blu sminuzzata e cuoci per alcuni minuti fino a quando la carne diventa opaca.

▨ Aggiungi la salsa di pomodoro e mescola bene. Lascia cuocere a fuoco medio-basso per 5-7 minuti, per far amalgamare i sapori.

▨ Aggiungi pepe nero macinato, sale e peperoncino rosso secco (se desiderato) per aggiungere un tocco di piccantezza.

▨ Togli dal fuoco e metti da parte il condimento al granchio blu.

Assemblaggio e Cottura della Pizza:

▨ Preriscalda il forno a 220°C (425°F).

▨ Distribuisci la salsa di pomodoro uniformemente sulla base della pizza.

UN DELIZIOSO OSPITE SGRADITO -
*Scopriamo insieme l'Origine, la Pesca
e come cucinare il Granchio Blu*

☑ Spargi il condimento al granchio blu sulla salsa di pomodoro.

☑ Disponi i pomodorini ciliegini tagliati a metà sulla pizza.

☑ Distribuisci i cubetti di mozzarella fresca sulla pizza.

☑ Spolvera il formaggio grana grattugiato sulla parte superiore della pizza.

☑ Cospargi l'origano secco su tutta la superficie.

☑ Metti la pizza in forno preriscaldato e cuoci per circa 12-15 minuti o finché i bordi sono dorati e croccanti e il formaggio è fuso e leggermente dorato.

☑ Togli la pizza dal forno e lasciala raffreddare leggermente.

☑ Guarnisci la pizza con foglie di basilico fresco per un tocco di freschezza.

☑ Taglia la pizza in fette e servi calda.

La Pizza al Granchio Blu e Pomodorini è una vera delizia per gli amanti del mare. La carne di granchio blu si fonde con i pomodorini dolci e i formaggi fondenti, creando un connubio di sapori e consistenze che renderanno questa pizza un successo tra amici e familiari. Sperimenta con l'aggiunta di ingredienti extra come olive nere o capperi per personalizzare ulteriormente questa prelibatezza.

PRIMI PIATTI

Continuiamo il nostro viaggio culinario straordinario con una serie di primi piatti eccezionali in cui il granchio blu diventa il protagonista. Da fragranti piatti di pasta arricchiti dalla sua carne prelibata, a risotti cremosi e zuppe avvolgenti, queste ricette ti condurranno attraverso un mondo di gusto e raffinatezza, dove ogni boccone rappresenta un'esperienza culinaria unica e indimenticabile.

UN DELIZIOSO OSPITE SGRADITO -
Scopriamo insieme l'Origine, la Pesca
e come cucinare il Granchio Blu

11.1

Linguine al Granchio Blu

In questa deliziosa ricetta, l'inconfondibile dolcezza della carne di granchio blu si fonde con la pasta per creare un piatto che incanterà i tuoi sensi e ti trasporterà direttamente sulle rive del gusto raffinato.

Ingredienti:

250 g di linguine
250 g di carne di granchio blu, cotta e sgranata
2 spicchi d'aglio, tritati finemente
1 peperoncino rosso secco, tritato (opzionale)
1/2 tazza di vino bianco secco
1 tazza di passata di pomodoro
2 cucchiai di olio d'oliva
Prezzemolo fresco, tritato
Sale e pepe nero q.b.

Istruzioni:

Preparazione delle Linguine:

In una pentola capiente, porta a ebollizione abbondante acqua salata.

Aggiungi le linguine e cuoci seguendo le istruzioni sulla confezione fino a che sono al dente. Scolale e mettile da parte, conservando un po' di acqua di cottura.

Preparazione del Sugo al Granchio Blu:

☒ In una padella grande, scalda l'olio d'oliva a fuoco medio.

☒ Aggiungi gli spicchi d'aglio tritati e il peperoncino rosso secco tritato (se desideri un tocco di piccante).

☒ Fai soffriggere per qualche minuto finché l'aglio diventa aromatico ma non brucia.

Aggiunta del Granchio Blu:

☒ Aggiungi la carne di granchio blu nella padella e mescola bene con l'aglio e il peperoncino. Lascia cuocere per qualche minuto per far amalgamare i sapori.

☒ Versa il vino bianco nella padella e lascialo evaporare, mescolando, fino a quando l'alcol si è ridotto.

☒ Versa la passata di pomodoro nella padella e mescola bene con gli altri ingredienti.

☒ Lascia cuocere il sugo a fuoco medio-basso per circa 10-15 minuti, permettendo ai sapori di unirsi e al sugo di addensarsi leggermente.

Condimento e Impiattamento:

☒ Assaggia il sugo e aggiusta di sale e pepe nero a piacere.

☒ Aggiungi parte dell'acqua di cottura delle linguine al sugo per ottenere la consistenza desiderata.

☒ Aggiungi le linguine al sugo di granchio blu nella padella. Mescola bene per assicurarti che le linguine siano rivestite uniformemente dal sugo.

UN DELIZIOSO OSPITE SGRADITO -
*Scopriamo insieme l'Origine, la Pesca
e come cucinare il Granchio Blu*

Finale e Servizio:

☑ Cospargi prezzemolo fresco tritato sulle linguine al granchio blu.

☑ Servi le linguine al granchio blu nei piatti individuali e offri un tocco di pepe nero fresco macinato a tavola.

Queste linguine al granchio blu sono un piatto di mare irresistibile con i sapori intensi del granchio blu e il tocco aromatico dell'aglio e del peperoncino.

11.2

Ravioli Ripieni al Granchio Blu e Ricotta

Benvenuti a una festa di sapori straordinari con i nostri Ravioli Ripieni al Granchio Blu e Ricotta. Questa prelibatezza culinaria incarna la fusione perfetta tra la cremosità della ricotta e la squisitezza del granchio blu, avvolta in morbidi ravioli. Un piatto che promette di sorprendere e deliziare ogni palato fortunato che lo assaggi.

Ingredienti:

Per la pasta:

300 g di farina 00
3 uova grandi
Un pizzico di sale

Per il ripieno:

200 g di carne di granchio blu, cotta e sgranata
200 g di ricotta fresca
2 cucchiai di prezzemolo fresco, tritato
Scorza grattugiata di 1 limone
Sale e pepe nero q.b.

UN DELIZIOSO OSPITE SGRADITO -
*Scopriamo insieme l'Origine, la Pesca
e come cucinare il Granchio Blu*

Per la salsa:

2 cucchiai di burro
2 cucchiai di olio d'oliva
2 spicchi d'aglio, tritati finemente
Peperoncino rosso secco (a piacere), tritato
Succo di 1 limone
Prezzemolo fresco, tritato
Formaggio grattugiato (come il Pecorino Romano) per servire

Istruzioni:

Preparazione del Ripieno:

☑ In una ciotola, mescola la carne di granchio blu sgranata con la ricotta fresca.

☑ Aggiungi il prezzemolo fresco tritato e la scorza grattugiata di limone.

☑ Condisci il ripieno con sale e pepe nero a piacere. Mescola bene per amalgamare tutti gli ingredienti. Metti da parte.

Preparazione della Pasta:

☑ Su una superficie pulita, crea una fontana con la farina.

☑ Rompi le uova al centro della fontana e aggiungi un pizzico di sale.

☑ Con una forchetta, inizia a mescolare le uova incorporando gradualmente la farina fino a quando l'impasto inizia a formarsi.

Continua a impastare con le mani fino a ottenere un impasto liscio ed elastico. Se è troppo asciutto, aggiungi un po' d'acqua. Se è troppo umido, aggiungi un po' di farina.

Avvolgi l'impasto in pellicola trasparente e lascialo riposare in frigorifero per almeno 30 minuti.

Assemblaggio dei Ravioli:

Dividi l'impasto in piccole porzioni e stendile sottilmente su una superficie infarinata o con l'aiuto di una macchina per la pasta.

Metti cucchiaiate di ripieno (circa 1 cucchiaino) a intervalli regolari su metà dell'impasto steso.

Ripiega l'altro lato dell'impasto sopra il ripieno e premi delicatamente intorno a ciascun monticello di ripieno per sigillare bene.

Con un taglia pasta o una rotella dentata, ritaglia i ravioli dalle strisce di pasta sigillata. Assicurati di sigillare bene i bordi dei ravioli.

Cottura e Preparazione:

Porta a ebollizione una pentola di acqua salata.

In una padella grande, sciogli il burro e l'olio d'oliva a fuoco medio.

Aggiungi l'aglio tritato e il peperoncino rosso secco e fai soffriggere fino a quando l'aglio è dorato e profumato.

Aggiungi il succo di limone e un po' di prezzemolo fresco tritato. Mescola bene.

Cuoci i ravioli nell'acqua bollente salata fino a quando emergono in superficie. Questo di solito richiede circa 2-3 minuti, ma il tempo può variare a seconda dello spessore dell'impasto.

UN DELIZIOSO OSPITE SGRADITO -
Scopriamo insieme l'Origine, la Pesca
e come cucinare il Granchio Blu

Assemblaggio e Servizio:

Con una schiumarola, scola i ravioli e trasferiscili direttamente nella padella con la salsa al limone.

Mescola delicatamente i ravioli nella salsa per rivestirli bene.

Servi i ravioli ripieni al granchio blu e ricotta nei piatti individuali, cospargendoli con formaggio grattugiato e un po' di prezzemolo fresco tritato.

Se lo desideri, aggiungi una leggera grattugiata di scorza di limone fresca sopra i ravioli per un tocco di freschezza aggiuntiva.

Questi ravioli saranno un piatto delizioso e raffinato, ideale per una cena speciale o per sorprendere i tuoi ospiti.

11.3

Fregola Sarda al Granchio Blu e Zafferano

Preparati a gustare un'esplosione di colori e sapori con la nostra Fregola Sarda al Granchio Blu e Zafferano. In questa affascinante creazione culinaria, la fregola sarda si unisce al granchio blu, regalando un'esperienza gustativa unica arricchita dall'aroma avvolgente dello zafferano. Un piatto che catturerà la tua immaginazione e delizierà il tuo palato in ogni boccone.

Ingredienti:

250 g di fregola sarda
2 granchi blu freschi o granchi blu precotti
2 cucchiai di olio d'oliva
1 cipolla piccola, tritata finemente
2 spicchi d'aglio, tritati finemente
Una bustina di zafferano in polvere (o zafferano in pistilli)
1/2 tazza di vino bianco secco
1 tazza di brodo di pesce (o brodo vegetale)
Sale e pepe nero q.b.
Prezzemolo fresco, tritato
Scorza grattugiata di limone (opzionale)

UN DELIZIOSO OSPITE SGRADITO -
*Scopriamo insieme l'Origine, la Pesca
e come cucinare il Granchio Blu*

Istruzioni:

Preparazione del Granchio:

☑ Se stai utilizzando granchi freschi, cuocili in acqua bollente leggermente salata per circa 10-15 minuti, finché la carne diventa tenera e bianca. Sgusciali e trita la carne del granchio.

☑ Se stai utilizzando granchi blu precotti, sgusciali e trita la carne del granchio.

Preparazione della Fregola:

☑ In una pentola capiente, portare a ebollizione abbondante acqua salata.

☑ Aggiungere la fregola sarda e cuocere seguendo le istruzioni sulla confezione, generalmente per circa 10-12 minuti, finché è al dente. Scolare e tenere da parte.

Preparazione del Sugo al Granchio:

☑ In una padella ampia, scaldare l'olio d'oliva a fuoco medio.

☑ Aggiungere la cipolla tritata e l'aglio e far soffriggere finché diventano traslucidi e profumati.

Aggiunta del Granchio e Zafferano:

☑ Aggiungere la carne di granchio blu alla padella e mescolare bene con la cipolla e l'aglio.

☑ Aggiungere la bustina di zafferano in polvere (o zafferano in pistilli) e mescolare per distribuirlo uniformemente.

☑ Versare il vino bianco nella padella e lasciar evaporare l'alcol per alcuni minuti, finché il vino si è ridotto.

Cottura della Fregola:

⬚   Aggiungere la fregola sarda cotta alla padella con il granchio e mescolare bene.

⬚   Aggiungere gradualmente il brodo di pesce (o brodo vegetale) caldo, un po' alla volta, mescolando continuamente. Lasciare cuocere fino a quando la fregola ha assorbito il liquido e si è resa morbida e gustosa.

⬚   Aggiustare di sale e pepe nero a piacere.

⬚   Cospargere abbondante prezzemolo fresco tritato sulla fregola al granchio blu.

⬚   Se lo desideri, puoi aggiungere anche un tocco di scorza grattugiata di limone per una nota di freschezza.

Servizio:

⬚   Servire la fregola sarda al granchio blu e zafferano nei piatti individuali.

⬚   Opzionalmente, puoi guarnire ogni piatto con una foglia di prezzemolo fresco o una grattugiata di scorza di limone.

Questa fregola sarda al granchio blu e zafferano sarà un piatto saporito e profumato, che porterà il gusto del mare alla tua tavola.

UN DELIZIOSO OSPITE SGRADITO -
*Scopriamo insieme l'Origine, la Pesca
e come cucinare il Granchio Blu*

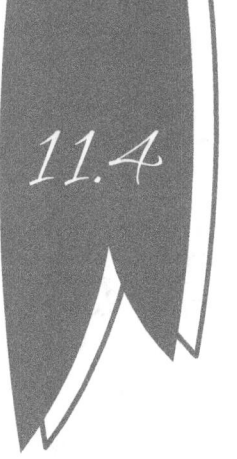

11.4

Pasta Fresca con Crema di Granchio Blu

Ti presento un'opera d'arte gastronomica: la Pasta Fresca con Crema di Granchio Blu. In questa deliziosa ricetta, la pasta fresca fatta in casa si unisce in un abbraccio cremoso alla crema di granchio blu, creando un piatto dall'eleganza straordinaria e dai sapori raffinati. Un'esperienza culinaria che ti porterà in un viaggio di piacere senza pari.

Ingredienti:

Per la Pasta Fresca:

250 g di farina 00
2 uova grandi
Un pizzico di sale

Per la Crema di Granchio Blu:

250 g di carne di granchio blu, cotta e sgranata
1 cucchiaio di burro
1 cucchiaio di olio d'oliva
1 scalogno, tritato finemente
2 spicchi d'aglio, tritati finemente
1/2 tazza di panna fresca
1/4 di tazza di brodo di pesce (o brodo vegetale)

Sale e pepe nero q.b.
Prezzemolo fresco, tritato, per guarnire
Formaggio grattugiato (come il Pecorino Romano) per servire

Istruzioni:

Preparazione della Pasta Fresca:

- ☑ Su una superficie pulita, crea una fontana con la farina.
- ☑ Rompi le uova al centro della fontana e aggiungi un pizzico di sale.
- ☑ Con una forchetta, inizia a mescolare le uova incorporando gradualmente la farina fino a quando l'impasto inizia a formarsi.
- ☑ Continua a impastare con le mani fino a ottenere un impasto liscio ed elastico. Se è troppo asciutto, aggiungi un po' d'acqua. Se è troppo umido, aggiungi un po' di farina.
- ☑ Avvolgi l'impasto in pellicola trasparente e lascialo riposare in frigorifero per almeno 30 minuti.

Preparazione della Crema di Granchio Blu:

- ☑ In una padella, sciogli il burro e l'olio d'oliva a fuoco medio.
- ☑ Aggiungi lo scalogno tritato e l'aglio e soffriggi fino a quando diventano morbidi e traslucidi.
- ☑ Aggiungi la carne di granchio blu alla padella e mescola bene con lo scalogno e l'aglio.

Preparazione della Salsa:

- ☑ Versa la panna fresca e il brodo di pesce (o brodo vegetale) nella padella con il granchio blu.

▨ Lascia cuocere a fuoco medio-basso, mescolando di tanto in tanto, fino a quando la crema si addensa leggermente e i sapori si amalgamano. Ci vorranno circa 5-7 minuti.

Preparazione della Pasta e Impiattamento:

▨ Dividi l'impasto in piccole porzioni e stendile sottilmente su una superficie infarinata o con l'aiuto di una macchina per la pasta.

▨ Taglia la pasta in strisce larghe (come tagliatelle o pappardelle) o nella forma che preferisci.

▨ Cuoci la pasta fresca in abbondante acqua salata bollente fino a quando emerge in superficie, di solito ci vorranno pochi minuti. Scolala e tienila da parte.

Completamento della Crema e Servizio:

▨ Aggiusta di sale e pepe nero la crema di granchio blu a piacere.

▨ Mescola delicatamente la pasta fresca cotta con la crema di granchio blu, assicurandoti che sia ben ricoperta.

Impiattamento:

▨ Servi la pasta fresca con crema di granchio blu nei piatti individuali.

▨ Cospargi prezzemolo fresco tritato sulla parte superiore e offri del formaggio grattugiato come accompagnamento.

Questa pasta fresca con crema di granchio blu sarà un piatto ricco e raffinato che delizierà i palati più esigenti.

Gnocchi di Patate al Granchio Blu e Pesto di Basilico

Ecco a voi un connubio culinario irresistibile: Gnocchi di Patate al Granchio Blu e Pesto di Basilico. In questa straordinaria ricetta, la morbidezza degli gnocchi si fonde con la delicatezza del granchio blu e il profumo aromatico del pesto di basilico. Un piatto che ti trasporterà in un mondo di gusto e raffinatezza, offrendo una sinfonia di sapori che ti lasceranno senza parole.

Ingredienti:

Per gli Gnocchi di Patate:

500 g di patate farinose (come le patate Russet)
150-200 g di farina 00 (più quella per infarinare)
1 uovo
Sale q.b.

UN DELIZIOSO OSPITE SGRADITO -
*Scopriamo insieme l'Origine, la Pesca
e come cucinare il Granchio Blu*

Per il Pesto di Basilico:

2 tazze di foglie di basilico fresco
1/2 tazza di noci o pinoli
1/2 tazza di formaggio grattugiato (come il Parmigiano Reggiano)
2 spicchi d'aglio
1/2 tazza di olio d'oliva extra vergine
Sale q.b.
Pepe nero q.b.

Per il Condimento al Granchio Blu:

250 g di carne di granchio blu, cotta e sgranata
2 cucchiai di burro
2 cucchiai di olio d'oliva
2 spicchi d'aglio, tritati finemente
Scorza grattugiata di 1 limone
Sale e pepe nero q.b.
Peperoncino rosso secco (a piacere), tritato
Prezzemolo fresco, tritato
Formaggio grattugiato (come il Pecorino Romano) per servire

Istruzioni:

Preparazione degli Gnocchi di Patate:

⬚   Lessa le patate con la buccia in acqua leggermente salata fino a quando sono tenere. Scola e lasciale raffreddare leggermente.

☑ Sbuccia le patate e passale attraverso uno schiacciapatate o un setaccio, creando un purè senza grumi.

☑ Aggiungi l'uovo e una parte della farina. Lavora l'impasto finché non è appena amalgamato.

☑ Aggiungi gradualmente la restante farina e lavora l'impasto fino a ottenere una consistenza morbida e omogenea. Non lavorare troppo per evitare che gli gnocchi diventino duri.

☑ Dividi l'impasto in piccole porzioni. Su una superficie infarinata, forma dei rotoli con le porzioni di impasto e taglia piccoli pezzi per formare gli gnocchi.

Preparazione del Pesto di Basilico:

☑ In un frullatore o con un mortaio, trita le foglie di basilico, le noci (o i pinoli), il formaggio grattugiato e l'aglio.

☑ Aggiungi l'olio d'oliva a filo fino a ottenere una consistenza cremosa.

☑ Aggiusta di sale e pepe nero a piacere. Metti da parte.

Preparazione del Condimento al Granchio Blu:

☑ In una padella, sciogli il burro e l'olio d'oliva a fuoco medio.

☑ Aggiungi l'aglio tritato e il peperoncino rosso secco (se usato) e fai soffriggere fino a che l'aglio è dorato e profumato.

☑ Aggiungi la carne di granchio blu e mescola bene con l'aglio e il peperoncino.

☑ Aggiungi la scorza grattugiata di limone e prezzemolo fresco tritato. Mescola delicatamente.

UN DELIZIOSO OSPITE SGRADITO -
*Scopriamo insieme l'Origine, la Pesca
e come cucinare il Granchio Blu*

Cottura degli Gnocchi:

- ▨ Porta a ebollizione una pentola di acqua salata.
- ▨ Cuoci gli gnocchi in piccoli lotti finché emergono in superficie, di solito ci vorranno 2-3 minuti. Scola gli gnocchi con una schiumarola e trasferiscili nella padella con il condimento al granchio blu.

Assemblaggio e Servizio:

- ▨ Aggiungi il pesto di basilico agli gnocchi e al condimento al granchio blu. Mescola delicatamente per distribuire uniformemente i sapori.
- ▨ Servi gli gnocchi di patate al granchio blu e pesto nei piatti individuali.
- ▨ Cospargi formaggio grattugiato sulla parte superiore e guarnisci con un po' di prezzemolo fresco tritato.

Questa ricetta combina la morbidezza degli gnocchi di patate con la ricchezza del granchio blu e la freschezza del pesto di basilico. Un piatto sofisticato che conquisterà i palati di chiunque lo assaggi.

11.6

Lasagna al Granchio Blu e Spinaci

Siete pronti per un'esperienza gastronomica senza precedenti? Presento con orgoglio la Lasagna al Granchio Blu e Spinaci. In questa reinterpretazione sofisticata di un classico comfort food, il granchio blu si unisce agli spinaci in uno strato di bontà, creando una lasagna che incanta con ogni morso. Un connubio indimenticabile di ingredienti di alta qualità che trasforma un piatto tradizionale in una creazione culinaria senza eguali.

Ingredienti:

Per il Ripieno al Granchio Blu:

250 g di carne di granchio blu, cotta e sgranata
1 cipolla piccola, tritata finemente
2 spicchi d'aglio, tritati finemente
2 cucchiai di burro
2 cucchiai di farina
1 tazza di latte
1/2 tazza di panna fresca
Sale e pepe nero q.b.
Noce moscata q.b.
Scorza grattugiata di limone
Prezzemolo fresco, tritato

UN DELIZIOSO OSPITE SGRADITO -
*Scopriamo insieme l'Origine, la Pesca
e come cucinare il Granchio Blu*

Per gli Spinaci:

300 g di spinaci freschi, lavati e sgocciolati
1 spicchio d'aglio, tritato finemente
Olio d'oliva q.b.
Sale e pepe nero q.b.

Per la Salsa Besciamella:

3 cucchiai di burro
3 cucchiai di farina
2 tazze di latte
Sale, pepe bianco e noce moscata q.b.

Per la Lasagna:

Fogli di lasagna fresca o precotta
Formaggio grattugiato (come il Parmigiano
Reggiano)
Burro fuso per ungere la teglia

Istruzioni:

Preparazione del Ripieno al Granchio Blu:

In una padella, sciogli il burro e aggiungi la cipolla tritata e l'aglio. Fai soffriggere finché diventano traslucidi.

Aggiungi la carne di granchio blu alla padella e mescola bene con la cipolla e l'aglio.

Aggiungi la farina e mescola per formare un roux.

Versa gradualmente il latte e la panna fresca nella padella, mescolando costantemente per evitare grumi.

☒ Continua a cuocere la salsa fino a quando si addensa. Condisci con sale, pepe nero, noce moscata e la scorza grattugiata di limone.

☒ Aggiungi prezzemolo fresco tritato e mescola. Metti da parte.

Preparazione degli Spinaci:

☒ In una padella, scaldare un po' d'olio d'oliva e aggiungere l'aglio tritato.

☒ Aggiungere gli spinaci lavati e sgocciolati. Cuocere fino a quando gli spinaci sono appassiti e teneri.

☒ Condire con sale e pepe nero a piacere. Scolare gli spinaci in eccesso di liquido e mettere da parte.

Preparazione della Salsa Besciamella:

☒ In una pentola, sciogli il burro e aggiungi la farina. Mescola bene per formare un roux.

☒ Versa gradualmente il latte nella pentola, mescolando costantemente per evitare grumi.

☒ Continua a cuocere la salsa fino a quando si addensa. Condisci con sale, pepe bianco e noce moscata. Mescola bene e metti da parte.

Assemblaggio della Lasagna:

☒ Pre-riscalda il forno a 180°C (350°F).

☒ Ungi leggermente una teglia rettangolare con del burro fuso.

☒ Inizia a comporre gli strati: posiziona uno strato sottile di salsa besciamella sul fondo della teglia, seguito da un foglio di lasagna.

UN DELIZIOSO OSPITE SGRADITO -
*Scopriamo insieme l'Origine, la Pesca
e come cucinare il Granchio Blu*

▨ Aggiungi uno strato di ripieno al granchio blu, uno strato di fogli di lasagna, uno strato di spinaci, uno strato di salsa besciamella e una spolverata di formaggio grattugiato.

▨ Continua ad alternare gli strati fino a esaurire gli ingredienti. L'ultimo strato dovrebbe essere di salsa besciamella e formaggio grattugiato.

Cottura e Servizio:

▨ Copri la teglia con un foglio di alluminio e cuoci in forno pre-riscaldato per circa 30 minuti.

▨ Rimuovi il foglio di alluminio e cuoci per altri 10-15 minuti, finché la superficie è dorata e croccante.

▨ Lascia riposare la lasagna per qualche minuto prima di tagliarla.

▨ Servi la lasagna al granchio blu e spinaci in porzioni individuali, guarnendo con prezzemolo fresco tritato, se desiderato.

Questa lasagna al granchio blu e spinaci è un piatto ricco e saporito che mescola i sapori del mare con la freschezza degli spinaci e la cremosità della besciamella.

11.7

Spaghetti al Granchio Blu e Pomodori Secchi

Questo piatto unisce la delicatezza della carne di granchio blu con l'intenso sapore dei pomodori secchi, creando un equilibrio perfetto tra freschezza e robustezza. Lasciatevi trasportare in un mondo di prelibatezze marine e note mediterranee, mentre vi guiderò passo dopo passo nella creazione di questa prelibatezza culinaria. Che siate cuochi esperti o principianti in cucina, questa ricetta vi regalerà una festa per il palato che non dimenticherete facilmente. Preparatevi a deliziare i sensi e a stupire amici e familiari con gli Spaghetti al Granchio Blu e Pomodori Secchi.

Ingredienti:

250 g di spaghetti
250 g di carne di granchio blu, cotta e sgranata
1/2 tazza di pomodori secchi, reidratati e tagliati a strisce
2 cucchiai di olio d'oliva
2 spicchi d'aglio, tritati finemente
Peperoncino rosso secco (a piacere), tritato
1/2 tazza di vino bianco secco
1 tazza di passata di pomodoro
Sale e pepe nero q.b.
Prezzemolo fresco, tritato
Scorza grattugiata di limone (opzionale)
Formaggio grattugiato (come il Pecorino Romano) per servire

UN DELIZIOSO OSPITE SGRADITO -
*Scopriamo insieme l'Origine, la Pesca
e come cucinare il Granchio Blu*

Istruzioni:

Preparazione dei Pomodori Secchi:

☑ Metti i pomodori secchi in una ciotola e coprili con acqua calda. Lasciali reidratare per circa 15-20 minuti. Scolali e tagliali a strisce. Metti da parte.

Preparazione degli Spaghetti:

☑ Porta a ebollizione una pentola di acqua salata.

☑ Cuoci gli spaghetti seguendo le istruzioni sulla confezione, fino a quando sono al dente. Scolali e tieni da parte un po' di acqua di cottura.

Preparazione del Sugo al Granchio Blu e Pomodori Secchi:

☑ In una padella grande, scalda l'olio d'oliva a fuoco medio.

☑ Aggiungi l'aglio tritato e il peperoncino rosso secco (a piacere) e fai soffriggere fino a che l'aglio è dorato e profumato.

Aggiunta del Granchio Blu e Pomodori Secchi:

☑ Aggiungi la carne di granchio blu alla padella e rosolala per alcuni minuti, mescolando bene con l'aglio e il peperoncino.

☑ Versa il vino bianco nella padella e lascialo evaporare per alcuni minuti, finché l'alcol si è ridotto.

☑ Aggiungi la passata di pomodoro alla padella e mescola bene.

☑ Lascia cuocere a fuoco medio-basso per circa 10-15 minuti, in modo che i sapori si amalgamino.

Condimento e Servizio:

☑   Aggiusta di sale e pepe nero a piacere.

☑   Aggiungi i pomodori secchi reidratati e tagliati a strisce alla padella. Mescola bene.

Completamento e Impiattamento:

☑   Aggiungi gli spaghetti cotti nella padella con il sugo al granchio blu e pomodori secchi. Mescola bene per far sì che gli spaghetti si impregnino del sapore del sugo.

☑   Aggiungi un po' di acqua di cottura degli spaghetti se necessario per creare una consistenza più cremosa.

Servizio:

☑   Servi gli spaghetti al granchio blu e pomodori secchi nei piatti individuali.

☑   Cospargi prezzemolo fresco tritato e, se lo desideri, un po' di scorza grattugiata di limone sulla parte superiore.

Questi spaghetti al granchio blu e pomodori secchi saranno un piatto gustoso e ricco di sapori, ideale per chi ama il connubio tra il gusto marino del granchio e la dolcezza intensa dei pomodori secchi.

UN DELIZIOSO OSPITE SGRADITO -
*Scopriamo insieme l'Origine, la Pesca
e come cucinare il Granchio Blu*

11.8

Ziti al Granchio Blu e Ricotta Salata

In un'esplosione di sapori marini e cremosa dolcezza, vi presento la ricetta degli Ziti al Granchio Blu e Ricotta Salata. Questo piatto raffinato unisce la delicatezza del granchio blu con la cremosità della ricotta salata, creando un'esperienza culinaria unica che vi porterà direttamente sulle coste italiane. Preparatevi a immergervi in un tour gastronomico che fonde ingredienti freschi e irresistibili in ogni forchettata. Che siate amanti della cucina marittima o avventurieri gastronomici, questa ricetta vi farà assaporare la bellezza del mare in un modo completamente nuovo.

Ingredienti:

250 g di ziti o pasta corta simile
250 g di carne di granchio blu, cotta e sgranata
2 cucchiai di olio d'oliva
2 spicchi d'aglio, tritati finemente
Peperoncino rosso secco (a piacere), tritato
1/2 tazza di vino bianco secco
1 tazza di pomodori pelati, schiacciati o a pezzetti
Sale e pepe nero q.b.
Prezzemolo fresco, tritato
Ricotta salata grattugiata per servire

Istruzioni:

Preparazione degli Ziti:

- Porta a ebollizione una pentola di acqua salata.
- Cuoci gli ziti seguendo le istruzioni sulla confezione, fino a quando sono al dente. Scolali e tieni da parte.

Preparazione del Sugo al Granchio Blu:

- In una padella grande, scalda l'olio d'oliva a fuoco medio.
- Aggiungi l'aglio tritato e il peperoncino rosso secco (a piacere) e fai soffriggere fino a che l'aglio è dorato e profumato.

Aggiunta del Granchio Blu:

- Aggiungi la carne di granchio blu alla padella e rosolala per alcuni minuti, mescolando bene con l'aglio e il peperoncino.
- Versa il vino bianco nella padella e lascialo evaporare per alcuni minuti, finché l'alcol si è ridotto.

Aggiunta dei Pomodori:

- Aggiungi i pomodori pelati schiacciati o a pezzetti alla padella e mescola bene.
- Lascia cuocere a fuoco medio-basso per circa 10-15 minuti, in modo che i sapori si amalgamino.

Condimento e Servizio:

- Aggiusta di sale e pepe nero a piacere.
- Aggiungi prezzemolo fresco tritato e mescola bene.

UN DELIZIOSO OSPITE SGRADITO -
*Scopriamo insieme l'Origine, la Pesca
e come cucinare il Granchio Blu*

Impiattamento:

☑ Aggiungi gli ziti cotti nella padella con il sugo al granchio blu. Mescola bene per far sì che la pasta si impregni del sapore del sugo.

Servizio:

☑ Servi gli ziti al granchio blu nei piatti individuali.

☑ Cospargi ricotta salata grattugiata sulla parte superiore di ciascun piatto.

☑ Offri una grattugiata di pepe nero fresco e un po' di prezzemolo fresco tritato come tocco finale.

Questi ziti al granchio blu e ricotta salata saranno un piatto delizioso e piacevole che combina i sapori del mare con la cremosità della ricotta salata.

Risotto al Nero di Seppia e Granchio Blu

Esplorate il lato oscuro e affascinante del mare con il Risotto al Nero di Seppia e Granchio Blu. Questa prelibatezza culinaria vi trasporterà in un mondo di sapori intensi e contrasti sorprendenti, dove il profondo sapore del nero di seppia si fonderà armoniosamente con la dolcezza del granchio blu. Il risotto, cremoso e ricco, si vestirà di un elegante colore scuro, offrendo una presentazione spettacolare per arricchire le vostre tavolate. Unitevi a me mentre vi guiderò attraverso questa avventura culinaria, svelando i segreti per creare un piatto che incanterà i palati e catturerà gli occhi di chiunque abbiate il piacere di condividere questa esperienza.

Ingredienti:

300 g di riso Carnaroli o Arborio
1 sacchetto di nero di seppia (sepionet)
250 g di carne di granchio blu, cotta e sgranata
1 cipolla piccola, tritata finemente
2 spicchi d'aglio, tritati finemente
2 cucchiai di olio d'oliva
1/2 tazza di vino bianco secco
1,5 litri di brodo di pesce (o brodo vegetale), caldo
Sale e pepe nero q.b.
Prezzemolo fresco, tritato
Scorza grattugiata di limone (opzionale)

UN DELIZIOSO OSPITE SGRADITO -
*Scopriamo insieme l'Origine, la Pesca
e come cucinare il Granchio Blu*

Istruzioni:

Preparazione del Nero di Seppia:

⊠ Sciogli il sacchetto di nero di seppia in un piccolo recipiente con un po' d'acqua calda. Mescola bene fino a ottenere un liquido omogeneo. Metti da parte.

Preparazione del Risotto:

⊠ In una pentola, porta a ebollizione il brodo di pesce (o brodo vegetale). Mantienilo caldo a fuoco basso durante la preparazione del risotto.

Preparazione del Soffritto:

⊠ In una padella larga e bassa, scalda l'olio d'oliva a fuoco medio.

⊠ Aggiungi la cipolla tritata e l'aglio e fai soffriggere finché diventano traslucidi e profumati.

Aggiunta del Riso e Tostatura:

⊠ Aggiungi il riso alla padella con il soffritto e tostalo per alcuni minuti, mescolando costantemente, finché i chicchi diventano traslucidi ai bordi.

⊠ Versa il vino bianco nella padella e lascialo evaporare, mescolando, fino a quando il riso lo ha assorbito.

Aggiunta del Nero di Seppia:

⊠ Aggiungi il nero di seppia sciolto nella padella e mescola bene per colorare uniformemente il riso.

Cottura del Risotto:

☑ Inizia ad aggiungere il brodo caldo, un mestolo alla volta, al riso. Continua a mescolare costantemente e aggiungi altro brodo solo quando il liquido è stato assorbito dal riso.

Aggiunta del Granchio Blu:

☑ A metà cottura, aggiungi la carne di granchio blu al risotto. Continua a cuocere e aggiungere brodo finché il riso è cremoso e al dente.

Condimento e Impiattamento:

☑ Assaggia e aggiusta di sale e pepe nero a piacere.

☑ Una volta che il riso è pronto, togli la padella dal fuoco.

☑ Mescola prezzemolo fresco tritato nel risotto.

Servizio:

☑ Servi il risotto al nero di seppia e granchio blu nei piatti individuali.

☑ Se desideri, puoi cospargere un po' di scorza grattugiata di limone sulla parte superiore di ciascun piatto per un tocco di freschezza.

Questo risotto al nero di seppia e granchio blu sarà un piatto dall'aspetto accattivante e dai sapori marini intensi.

UN DELIZIOSO OSPITE SGRADITO -
*Scopriamo insieme l'Origine, la Pesca
e come cucinare il Granchio Blu*

11.10

Risotto Giallo con un Pizzico di Blu

Ingredienti:

300 g di riso Carnaroli o Arborio
250 g di carne di granchio blu, cotta e sgranata
1 cipolla piccola, tritata finemente
2 spicchi d'aglio, tritati finemente
2 cucchiai di olio d'oliva
1/2 tazza di vino bianco secco
1,5 litri di brodo di pesce (o brodo vegetale), caldo
Una bustina di zafferano (circa 0,1 g) o alcuni fili di zafferano
Sale e pepe nero q.b.
Prezzemolo fresco, tritato
Formaggio grattugiato (come il Parmigiano Reggiano) per servire

Istruzioni:

Preparazione dello Zafferano:

☑ Sciogli la bustina di zafferano in un po' d'acqua calda.

Lascia in infusione per alcuni minuti. Metti da parte.

Preparazione del Risotto:

☒ In una pentola, porta a ebollizione il brodo di pesce (o brodo vegetale). Mantienilo caldo a fuoco basso durante la preparazione del risotto.

Preparazione del Soffritto:

☒ In una padella larga e bassa, scalda l'olio d'oliva a fuoco medio.

☒ Aggiungi la cipolla tritata e l'aglio e fai soffriggere finché diventano traslucidi e profumati.

Aggiunta del Riso e Tostatura:

☒ Aggiungi il riso alla padella con il soffritto e tostalo per alcuni minuti, mescolando costantemente, finché i chicchi diventano traslucidi ai bordi.

Deglassaggio con il Vino:

☒ Versa il vino bianco nella padella e lascialo evaporare, mescolando, fino a quando il riso lo ha assorbito.

Aggiunta dello Zafferano:

☒ Aggiungi lo zafferano sciolto con il suo liquido nella padella e mescola bene per colorare uniformemente il riso.

Cottura del Risotto:

☒ Inizia ad aggiungere il brodo caldo, un mestolo alla volta, al riso. Continua a mescolare costantemente e aggiungi altro brodo solo quando il liquido è stato assorbito dal riso.

UN DELIZIOSO OSPITE SGRADITO -
*Scopriamo insieme l'Origine, la Pesca
e come cucinare il Granchio Blu*

Aggiunta del Granchio Blu:

☑ A metà cottura, aggiungi la carne di granchio blu al risotto. Continua a cuocere e aggiungere brodo finché il riso è cremoso e al dente.

Condimento e Impiattamento:

☑ Assaggia e aggiusta di sale e pepe nero a piacere.

☑ Una volta che il riso è pronto, togli la padella dal fuoco.

☑ Mescola prezzemolo fresco tritato nel risotto.

Servizio:

☑ Servi il risotto al granchio blu e zafferano nei piatti individuali.

☑ Offri formaggio grattugiato come accompagnamento per chi desidera aggiungerlo.

Questo risotto al granchio blu e zafferano sarà un piatto dal colore vibrante e dai sapori del mare arricchiti dal profumo e dalla delicatezza dello zafferano. Buon appetito!

Arancini di Granchio Blu

Gli arancini al granchio blu sono un'opzione deliziosa e un po' più elaborata dei classici arancini. Ecco come puoi prepararli:

Ingredienti:

Per gli Arancini:

300 g di riso Arborio

250 g di carne di granchio blu, cotta e sgranata

1 cipolla piccola, tritata finemente

2 spicchi d'aglio, tritati finemente

1/2 tazza di vino bianco secco

1,5 litri di brodo di pesce (o brodo vegetale), caldo

Zafferano in polvere o fili di zafferano (opzionale)

Sale e pepe nero q.b.

Olio d'oliva per soffriggere

Formaggio grattugiato (come il Parmigiano Reggiano)

Uova (1-2) per l'impasto e per la panatura

Per la Panatura:

Pangrattato
Uova sbattute

Istruzioni:

Preparazione del Risotto al Granchio Blu:

☑   In una padella, soffriggi la cipolla tritata e l'aglio in un po' d'olio d'oliva fino a che diventano traslucidi.

☑   Aggiungi il riso Arborio e tostalo per qualche minuto, mescolando, fino a quando i chicchi diventano traslucidi ai bordi.

☑   Versa il vino bianco e lascia evaporare. Se stai usando lo zafferano, aggiungilo ora.

☑   Inizia ad aggiungere il brodo caldo, un mestolo alla volta, e continua a mescolare fino a quando il riso è cotto ma ancora al dente.

☑   Aggiungi la carne di granchio blu e mescola bene. Assaggia e aggiusta di sale e pepe nero a piacere.

☑   Lascia raffreddare il risotto.

Formazione degli Arancini:

☑   Prendi una porzione di risotto raffreddato e modellala nella palma della mano per formare una piccola cavità.

☑   Metti un piccolo pezzo di formaggio grattugiato e un po' di carne di granchio blu al centro della cavità.

☑   Chiudi il risotto intorno al ripieno, formando una palla o una forma conica. Ripeti il processo fino a esaurimento del risotto e del ripieno.

Panatura e Frittura:

☑ Passa gli arancini nelle uova sbattute, quindi nel pan-grattato.

☑ Scaldare abbondante olio d'oliva in una padella profonda a una temperatura di circa 180°C (350°F).

☑ Friggi gli arancini in piccoli lotti fino a quando sono dorati e croccanti. Scolali su carta assorbente per rimuovere l'eccesso di olio.

Servizio:

☑ Gli arancini al granchio blu possono essere serviti caldi come antipasto, aperitivo o piatto principale.

☑ Puoi guarnirli con un po' di formaggio grattugiato e prezzemolo fresco tritato.

Gli arancini al granchio blu sono un'opzione sofisticata e saporita che porterà una ventata di mare alla tua tavola.

UN DELIZIOSO OSPITE SGRADITO -
*Scopriamo insieme l'Origine, la Pesca
e come cucinare il Granchio Blu*

11.12

Zuppa di Pesce e Granchio Blu

Dalle profonde acque marine emergono profumi e sapori straordinari nella Zuppa di Pesce e Granchio Blu. Questa zuppa, ricca di ingredienti deliziosi e nutrienti, offre un'esperienza culinaria che abbraccia il cuore e l'anima della cucina di mare. L'inconfondibile dolcezza del granchio blu si fonde con la varietà di pesci e frutti di mare, creando un caldo abbraccio di sapore in ogni cucchiaiata. Che siate appassionati di cucina o semplicemente desideriate assaporare la freschezza del mare, questa ricetta vi condurrà attraverso le onde di un gusto autentico e appagante. Unitevi a me in questa avventura culinaria mentre esploriamo la creazione di una zuppa che cattura l'essenza del mare e la porta direttamente sulle vostre tavole.

Ingredienti:

250 g di carne di granchio blu, cotta e sgranata
300 g di varietà di pesci da zuppa (come merluzzo, scorfano, dentice), puliti e tagliati a pezzi
1 cipolla, tritata
2 spicchi d'aglio, tritati finemente
2 cucchiai di olio d'oliva
1/2 tazza di vino bianco secco
1 tazza di pomodori pelati, schiacciati o a pezzetti

1 litro di brodo di pesce (o brodo vegetale)
1 foglia di alloro
Peperoncino rosso secco (a piacere), tritato
Sale e pepe nero q.b.
Prezzemolo fresco, tritato
Fette di pane tostato per servire

Istruzioni:

Preparazione della Base della Zuppa:

☒ In una pentola larga, scaldare l'olio d'oliva a fuoco medio.

☒ Aggiungere la cipolla tritata e l'aglio. Soffriggere finché diventano traslucidi.

Aggiunta del Pesce e Granchio Blu:

☒ Aggiungere i pezzi di pesce da zuppa alla pentola e rosolarli leggermente da entrambi i lati.

☒ Aggiungere la carne di granchio blu e mescolare con il pesce.

☒ Versare il vino bianco nella pentola e lasciarlo evaporare, mescolando, finché l'alcol si è ridotto.

Aggiunta dei Pomodori e Brodo:

☒ Aggiungere i pomodori pelati schiacciati o a pezzetti nella pentola.

☒ Versare il brodo di pesce (o brodo vegetale) e mescolare bene.

☒ Aggiungere la foglia di alloro e il peperoncino rosso sec-

UN DELIZIOSO OSPITE SGRADITO -
*Scopriamo insieme l'Origine, la Pesca
e come cucinare il Granchio Blu*

co (a piacere).

☑ Portare la zuppa a ebollizione, quindi ridurre il fuoco e far cuocere a fuoco medio-basso per circa 20-30 minuti, finché il pesce è cotto e i sapori si sono amalgamati.

Condimento e Servizio:

☑ Assaggiare e aggiustare di sale e pepe nero a piacere.

☑ Aggiungere prezzemolo fresco tritato alla zuppa e mescolare.

Servizio:

☑ Servire la zuppa di pesce e granchio blu nelle ciotole individuali.

☑ Accompagnare con fette di pane tostato o crostini per una consistenza croccante.

Questa zuppa di pesce e granchio blu sarà una deliziosa combinazione di sapori di mare arricchita dalla dolcezza e dalla morbidezza del granchio blu. Puoi gustarla come piatto principale o come antipasto sostanzioso.

11.13

Cassoulet di Granchio Blu e Fagioli

Questo piatto unisce l'eleganza del granchio blu con la rustica bontà dei fagioli, creando un equilibrio tra il lusso del mare e il comfort della tradizione culinaria. Lasciatevi avvolgere dall'aroma ricco e avvolgente di questa preparazione, dove il granchio si fonde con la cremosità dei fagioli, regalando una sinfonia di gusto che delizierà i vostri sensi. Preparatevi a immergervi in una festa culinaria che celebra ingredienti di alta qualità e artigianato gastronomico. Unitevi a me mentre esploriamo insieme la creazione di questo cassoulet, portando alla luce il meglio dei sapori del mare e della terra in un unico, straordinario piatto.

Ingredienti:

250 g di carne di granchio blu, cotta e sgranata
400 g di fagioli cannellini o borlotti (in scatola o cotti)
200 g di salsiccia di maiale, tagliata a pezzetti (opzionale)
1 cipolla, tritata
2 spicchi d'aglio, tritati finemente
2 cucchiai di olio d'oliva
1 tazza di passata di pomodoro
1 tazza di brodo di pollo o vegetale
1 foglia di alloro

UN DELIZIOSO OSPITE SGRADITO -
*Scopriamo insieme l'Origine, la Pesca
e come cucinare il Granchio Blu*

Rametto di rosmarino o timo (opzionale)
Sale e pepe nero q.b.
Pangrattato
Formaggio grattugiato (come il Pecorino Romano) per la finitura

Istruzioni:

Preparazione del Soffritto:

☑ In una pentola grande, scalda l'olio d'oliva a fuoco medio.

☑ Aggiungi la cipolla tritata e l'aglio. Soffriggere finché diventano traslucidi.

Aggiunta della Salsiccia (Opzionale):

☑ Se stai usando la salsiccia, aggiungila nella pentola e rosola finché è dorata.

Aggiunta del Granchio Blu e Pomodoro:

☑ Aggiungi la carne di granchio blu nella pentola e mescola con il soffritto.

☑ Versa la passata di pomodoro e mescola bene.

Aggiunta dei Fagioli e Brodo:

☑ Aggiungi i fagioli cannellini o borlotti nella pentola.

☑ Versa il brodo di pollo o vegetale e mescola.

☑ Aggiungi la foglia di alloro e il rametto di rosmarino o timo, se usato.

Cottura e Condimento:

☑   Porta il cassoulet a ebollizione, quindi riduci il fuoco a medio-basso.

☑   Lascia cuocere il cassoulet a fuoco lento per circa 20-30 minuti, mescolando di tanto in tanto, finché i sapori si sono amalgamati e il liquido si è ridotto.

Panatura e Finitura:

☑   Preriscalda il forno a 180°C (350°F).

☑   Trasferisci il cassoulet in una teglia da forno.

☑   Spolvera il pangrattato sulla superficie del cassoulet e cospargi formaggio grattugiato.

Cottura al Forno:

☑   Inforna il cassoulet nel forno preriscaldato e lascialo cuocere per circa 15-20 minuti, finché la superficie è dorata e croccante.

Servizio:

☑   Servi il cassoulet di granchio blu e fagioli caldo nelle ciotole individuali.

☑   Accompagna con fette di pane croccante o baguette.

Questo cassoulet di granchio blu e fagioli sarà un piatto comfort ricco e saporito, perfetto da gustare in giornate fresche.

12

SECONDI PIATTI

Nel cuore di questo libro di cucina, viaggiamo attraverso i sentieri culinari del mare per esplorare un tesoro nascosto di sapori raffinati e straordinari: i Secondi Piatti con il Granchio Blu. Ogni ricetta vela, raccontando una storia di freschezza, prelibatezza e artigianalità gastronomica. Dalle zuppe che abbracciano l'anima con calore, ai piatti più sofisticati che incantano il palato con la loro eleganza, esploreremo insieme un mondo di sapori inaspettati e combinazioni deliziose. Accompagnateci in questo viaggio culinario, dove la passione per il granchio blu si fonde con la creatività in cucina, dando vita a esperienze gastronomiche indimenticabili.

12.1

Granchio Blu Grigliato con Aglio e Erbe Aromatiche

In questa ricetta, l'inconfondibile dolcezza del granchio blu si fonde con l'intenso aroma dell'aglio e la freschezza delle erbe aromatiche, creando un equilibrio di sapori che soddisferà i palati più esigenti. La grigliatura dona al granchio una leggera crosticina e un calore affumicato che si sposa perfettamente con la vivacità delle erbe. Questo piatto è un omaggio al mare e alla sua prelibatezza, catturando l'essenza di un pasto semplice ma straordinario. Unitevi a noi mentre esploriamo i segreti di questa preparazione, scoprendo come trasformare il granchio blu in un'esperienza culinaria indimenticabile.

Ingredienti:

2 granchi blu, cotti e sgranati
4 cucchiai di burro fuso
4 spicchi d'aglio, tritati finemente
Erbe aromatiche fresche (rosmarino, timo, prezzemolo), tritate
Succo di limone fresco
Sale e pepe nero q.b.

Istruzioni:

Preparazione dei Granchi:

☑ Se i granchi non sono già cotti e sgranati, cuocili in acqua bollente leggermente salata fino a quando la corazza cambia colore (solitamente diventa rossa) e la carne è cotta. Scola e lascia raffreddare leggermente prima di sgranarli.

Preparazione della Marinata:

☑ In una ciotola, mescola il burro fuso con gli spicchi d'aglio tritati e le erbe aromatiche tritate. Aggiungi il succo di limone fresco e mescola bene. Questa sarà la marinata per il granchio blu.

Marinatura dei Granchi:

☑ Spennella abbondantemente la marinata sopra i pezzi di granchio blu, assicurandoti che siano ben rivestiti con l'aglio, il burro e le erbe aromatiche.

Preriscaldamento della Griglia:

☑ Preriscalda la griglia a fuoco medio-alto.

Grigliatura del Granchio Blu:

☑ Posiziona i pezzi di granchio blu direttamente sulla griglia, con la parte della carne rivolta verso il basso.

☑ Cuoci per circa 2-3 minuti su ciascun lato, spennellando ulteriormente con la marinata durante la cottura.

☑ Il granchio blu sarà pronto quando la carne si sarà riscaldata e avrà assorbito i sapori della marinata.

Condimento Finale:

☑ Una volta che il granchio blu è cotto, togli dalla griglia e cospargi ulteriori erbe aromatiche fresche sulla parte superiore.

☑ Spremi un po' di succo di limone fresco sul granchio grigliato.

Servizio:

☑ Servi il granchio blu grigliato con aglio e erbe aromatiche caldo come antipasto o piatto principale.

Questa ricetta di granchio blu grigliato con aglio e erbe aromatiche è un piacere culinario. La marinatura a base di burro, aglio e erbe conferirà alla carne di granchio blu un sapore ricco e aromatico, mentre la grigliatura aggiungerà una leggera affumicatura. Servi con una fetta di limone per bilanciare i sapori.

12.2

Granchio Blu Grigliato su Spiedini di Rosmarino

Questo piatto trasuda eleganza e creatività, combinando la delicatezza del granchio blu con l'aroma inconfondibile del rosmarino fresco. Gli spiedini, adornati con rami di rosmarino, catturano l'essenza mediterranea e la presentano in una forma sorprendente.

Nella preparazione di questo piatto, il granchio blu si avvolge in una morbida rete di sapori, assorbendo il profumo delle erbe e sviluppando una leggera crosticina dorata sulla griglia. Il risultato è un incontro perfetto tra la fragranza del rosmarino e la dolcezza del granchio, un'esperienza che danzerà sulla vostra lingua in ogni morso.

Ingredienti:

2 granchi blu, cotti e sgranati
4 rami di rosmarino fresco
Succo di limone fresco
Olio d'oliva extravergine
Sale e pepe nero q.b.

Istruzioni:

Preparazione dei Granchi:

☒ Se i granchi non sono già cotti e sgranati, cuocili in acqua bollente leggermente salata fino a quando la corazza cambia colore (solitamente diventa rossa) e la carne è cotta. Scola e

UN DELIZIOSO OSPITE SGRADITO -
*Scopriamo insieme l'Origine, la Pesca
e come cucinare il Granchio Blu*

lascia raffreddare leggermente prima di sgranarli.

Preparazione degli Spiedini di Rosmarino:

☑ Rimuovi le foglie di rosmarino dalla parte inferiore dei rami, lasciandone solo quelle superiori. Questi rami saranno utilizzati come spiedini profumati.

☑ Inserisci delicatamente i pezzi di carne di granchio blu nei rami di rosmarino, in modo da creare degli spiedini.

Marinatura Semplice:

☑ Spremi un po' di succo di limone fresco e un filo d'olio d'oliva extravergine sui granchi blu sugli spiedini.

☑ Condisci con sale e pepe nero a piacere. La marinatura semplice permetterà ai sapori naturali del granchio e del rosmarino di emergere.

Grigliatura degli Spiedini:

☑ Preriscalda la griglia a fuoco medio-alto.

☑ Posiziona i granchi blu sugli spiedini di rosmarino sulla griglia, con la parte della carne rivolta verso la griglia.

☑ Cuoci per circa 2-3 minuti su ciascun lato, girando con cura per evitare che si attacchino.

Verifica della Cottura:

☑ Il granchio blu sarà pronto quando la carne sarà riscaldata e avrà assunto un colore dorato e leggermente croccante.

Servizio:

☑ Una volta cotti, rimuovi i granchi blu dagli spiedini e

posizionali su un piatto da portata.

Finale e Degustazione:

☑ Spruzza ulteriormente con un po' di succo di limone fresco prima di servire.

☑ Questi spiedini di granchio blu grigliato su rosmarino saranno un antipasto o un piatto principale fragrante e gustoso.

Questi spiedini di granchio blu grigliato su rosmarino sono un'opzione elegante e aromatica che combina i sapori marini del granchio con la fragranza del rosmarino. La marinatura semplice permette agli ingredienti di brillare, creando un piatto che sicuramente lascerà un'impressione duratura.

UN DELIZIOSO OSPITE SGRADITO -
*Scopriamo insieme l'Origine, la Pesca
e come cucinare il Granchio Blu*

12.3

Crostacei Misti al Forno con Granchio Blu

Questo piatto è una celebrazione della diversità del mare, in cui il granchio blu si unisce ad altri crostacei prelibati per creare un trionfo di sapore e presentazione.

I crostacei, accuratamente selezionati, si abbracciano in un calore armonico grazie alla cottura al forno. Il granchio blu, con la sua dolcezza distintiva, si fonde con gamberi, scampi e altri tesori marini, creando un piatto che riflette la generosità dell'oceano. La cottura al forno permette ai sapori di concentrarsi e amalgamarsi, mentre i crostacei assorbono le note aromatiche e l'umidità del proprio ambiente.

Ingredienti:

2 granchi blu, cotti e sgranati
8 gamberi grandi, sgusciati e sveinati
8 capesante
8 cozze, pulite e sbollentate
1/4 di tazza di vino bianco secco
4 cucchiai di burro non salato, fuso
Succo di 1 limone
2 spicchi d'aglio, tritati finemente
Prezzemolo fresco, tritato
Sale e pepe nero q.b.

Istruzioni:

Preparazione dei Crostacei:

▨ Se i granchi non sono già cotti e sgranati, cuocili in acqua bollente leggermente salata fino a quando la corazza cambia colore (solitamente diventa rossa) e la carne è cotta. Scola e lascia raffreddare leggermente prima di sgranarli.

▨ Prepara anche i gamberi sgusciati, le capesante e le cozze pulite e sbollentate.

Marinata e Condimento:

▨ In una ciotola, mescola il burro fuso con il succo di limone, gli spicchi d'aglio tritati e il prezzemolo fresco tritato. Aggiungi sale e pepe nero a piacere.

Marinatura dei Crostacei:

▨ Metti tutti i crostacei (granchio blu, gamberi, capesante e cozze) in una teglia da forno.

▨ Versa la marinata al burro, limone e aglio sopra i crostacei, assicurandoti che siano ben rivestiti.

Aggiunta del Vino:

▨ Versa il vino bianco secco nella teglia da forno, intorno ai crostacei. Questo contribuirà a mantenere l'umidità durante la cottura.

Cottura al Forno:

▨ Preriscalda il forno a 200°C (390°F).

▨ Cuoci i crostacei misti nel forno preriscaldato per circa 15-20 minuti, o finché i crostacei sono cotti e il burro è fuso e

UN DELIZIOSO OSPITE SGRADITO -
*Scopriamo insieme l'Origine, la Pesca
e come cucinare il Granchio Blu*

aromatizzato.

Guarnizione e Servizio:

☑   Una volta cotti, cospargi ulteriormente con prezzemolo fresco tritato prima di servire.

Servizio:

☑   Servi i crostacei misti al forno con granchio blu come piatto principale o elegante antipasto.

Questa ricetta di crostacei misti al forno con granchio blu è un tripudio di sapori marini, con una combinazione di crostacei succulenti e una marinata aromatico al burro, limone e aglio. La varietà dei crostacei conferirà una dimensione interessante al piatto e renderà ogni morso un'esperienza gustativa unica.

12.4

Granchio Blu e Asparagi alla Griglia

In questa ricetta, l'elegante dolcezza del granchio blu si unisce alla croccante dolcezza degli asparagi, creando un incontro di sapori che delizia il palato e l'occhio.

La griglia conferisce al granchio blu una sfumatura affumicata, mentre gli asparagi, con il loro colore verde brillante, aggiungono un tocco di vivacità al piatto. Questa preparazione è un tributo alla stagionalità e alla freschezza degli ingredienti, creando un equilibrio tra il terroso e il marino.

Ingredienti:

2 granchi blu, cotti e sgranati
1 mazzo di asparagi freschi
4 cucchiai di olio d'oliva extravergine
Succo di 1 limone
2 spicchi d'aglio, tritati finemente
Sale e pepe nero q.b.
Prezzemolo fresco, tritato (per guarnire)

Istruzioni:

Preparazione dei Granchi:

☑ Se i granchi non sono già cotti e sgranati, cuocili in acqua bollente leggermente salata fino a quando la corazza cambia

UN DELIZIOSO OSPITE SGRADITO -
*Scopriamo insieme l'Origine, la Pesca
e come cucinare il Granchio Blu*

colore (solitamente diventa rossa) e la carne è cotta. Scola e lascia raffreddare leggermente prima di sgranarli.

Preparazione degli Asparagi:

☑ Taglia la parte legnosa delle estremità degli asparagi.

☑ In una ciotola, mescola gli asparagi con 2 cucchiai di olio d'oliva, sale e pepe nero.

Marinatura Semplice per i Granchi Blu:

☑ In una ciotola separata, mescola la carne di granchio blu sgranata con il succo di limone, 2 cucchiai di olio d'oliva e gli spicchi d'aglio tritati. Mescola delicatamente e lascia marinare per qualche minuto.

Grigliatura degli Asparagi:

☑ Preriscalda la griglia a fuoco medio-alto.

☑ Posiziona gli asparagi sulla griglia e cuocili per circa 4-5 minuti, girandoli occasionalmente, finché sono teneri e leggermente dorati.

Grigliatura del Granchio Blu:

☑ Mentre gli asparagi cuociono, posiziona la carne di granchio blu sulla griglia. Cuoci per circa 2-3 minuti su ciascun lato, girando con cura.

Guarnizione e Servizio:

☑ Una volta che gli asparagi e il granchio blu sono cotti, posizionali su un piatto da portata.

Finale e Degustazione:

☑ Cospargi prezzemolo fresco tritato sulla parte superiore

per una nota di colore e freschezza.

Servizio:

///

☑ Servi il granchio blu e gli asparagi alla griglia come antipasto o piatto principale.

Questa ricetta di granchio blu e asparagi alla griglia è un'opzione leggera e saporita che combina la delicatezza del granchio con la croccantezza e il sapore fresco degli asparagi. La marinatura semplice al limone e aglio esalterà i sapori naturali dei due ingredienti, creando un piatto equilibrato e delizioso.

UN DELIZIOSO OSPITE SGRADITO -
Scopriamo insieme l'Origine, la Pesca
e come cucinare il Granchio Blu

12.5

Granchio Blu Ripieno al Forno

In questa ricetta, il granchio blu, con la sua carne dolce e prelibata, diventa la base di un ripieno ricco e avvolgente che si sposa perfettamente con la cottura al forno.

La preparazione del ripieno è un'opera d'arte culinaria, dove ingredienti selezionati si mescolano con creatività. La carne del granchio blu si unisce a erbe aromatiche, pane croccante e altri elementi che completano questa sinfonia di sapore. La cottura al forno aggiunge una crosticina dorata e una consistenza irresistibile, mentre il ripieno cattura i profumi e i sapori, creando un'esperienza culinaria che incanta i sensi.

Ingredienti:

2 granchi blu, cotti e sgranati
1 tazza di briciole di pane (pane raffermo tritato)
1/4 di tazza di formaggio grattugiato (come parmigiano o pecorino)
2 cucchiai di prezzemolo fresco, tritato
2 spicchi d'aglio, tritati finemente
1/4 di tazza di brodo di pesce o acqua
2 cucchiai di burro non salato, fuso
Succo di 1 limone
Sale e pepe nero q.b.

Istruzioni:

Preparazione dei Granchi:

☑ Se i granchi non sono già cotti e sgranati, cuocili in acqua bollente leggermente salata fino a quando la corazza cambia colore (solitamente diventa rossa) e la carne è cotta. Scola e lascia raffreddare leggermente prima di sgranarli.

Preparazione del Ripieno:

☑ In una ciotola, mescola le briciole di pane, il formaggio grattugiato, il prezzemolo fresco tritato e gli spicchi d'aglio tritati. Mescola bene per combinare tutti gli ingredienti.

Unione del Ripieno con il Granchio Blu:

☑ Aggiungi la carne di granchio blu sgranata al ripieno preparato nella ciotola. Mescola delicatamente in modo che la carne di granchio sia uniformemente distribuita nel ripieno.

Aggiunta del Brodo di Pesce o Acqua:

☑ Aggiungi il brodo di pesce o l'acqua al composto di carne di granchio e ripieno. Questo renderà il ripieno più umido e aiuterà a legare gli ingredienti.

Aggiunta del Succo di Limone e Burro:

☑ Aggiungi il succo di limone fresco e il burro fuso al composto. Mescola bene per amalgamare gli ingredienti e creare un ripieno umido e saporito.

UN DELIZIOSO OSPITE SGRADITO -
*Scopriamo insieme l'Origine, la Pesca
e come cucinare il Granchio Blu*

Riempimento dei Gusci:

▨ Riempire i gusci dei granchi blu precedentemente cotti con il ripieno preparato.

Cottura al Forno:

▨ Preriscalda il forno a 180°C (350°F).

▨ Disponi i gusci di granchio blu farciti in una teglia da forno. Cuoci nel forno preriscaldato per circa 15-20 minuti, o finché il ripieno è riscaldato e dorato in superficie.

Finale e Guarnizione:

▨ Una volta cotti, togli i gusci di granchio blu ripieni dal forno.

Servizio:

Servi i granchi blu ripieni al forno come piatto principale o antipasto, magari accompagnati da una fresca insalata verde.

Questi granchi blu ripieni al forno sono un'opzione decadente che combina la carne succulenta del granchio con un ripieno aromatico e saporito. La combinazione di pane, formaggio, erbe e aglio crea una miscela irresistibile che si fonde perfettamente con la delicatezza del granchio.

12.6

Granchio in crosta di pane

In questa preparazione, la delicata carne del granchio blu è avvolta in una crosta di pane croccante, creando un contrasto affascinante tra la dolcezza del granchio e la consistenza dorata e fragrante del pane.

La crosta di pane non solo dona al piatto una presentazione visivamente invitante, ma contribuisce anche a sigillare i sapori, catturando la dolcezza e la delicatezza del granchio all'interno. La croccantezza del pane si unisce alla morbidezza della carne, offrendo un'esperienza tattile e gustativa unica.

Ingredienti:

2 granchi blu, cotti e sgranati
2 tazze di briciole di pane (pane raffermo tritato)
1/2 tazza di formaggio grattugiato (come parmigiano o pecorino)
2 cucchiai di prezzemolo fresco, tritato
2 spicchi d'aglio, tritati finemente
1/4 di tazza di burro non salato, fuso
Succo di 1 limone
Sale e pepe nero q.b.
Uova (1 o 2) per l'impasto di legatura
Olio d'oliva extravergine

UN DELIZIOSO OSPITE SGRADITO -
*Scopriamo insieme l'Origine, la Pesca
e come cucinare il Granchio Blu*

Istruzioni:

Preparazione dei Granchi:

☑ Se i granchi non sono già cotti e sgranati, cuocili in acqua bollente leggermente salata fino a quando la corazza cambia colore (solitamente diventa rossa) e la carne è cotta. Scola e lascia raffreddare leggermente prima di sgranarli.

Preparazione della Crosta di Pane:

☑ In una ciotola, mescola le briciole di pane, il formaggio grattugiato, il prezzemolo fresco tritato e gli spicchi d'aglio tritati. Mescola bene per combinare tutti gli ingredienti.

Unione del Granchio con la Crosta di Pane:

☑ Aggiungi la carne di granchio blu sgranata alla miscela di crosta di pane. Mescola delicatamente in modo che la carne di granchio sia uniformemente distribuita nelle briciole di pane.

Aggiunta del Succo di Limone e Burro:

☑ Aggiungi il succo di limone fresco e il burro fuso al composto. Mescola bene per amalgamare gli ingredienti.

Preparazione dell'Impasto di Legatura:

☑ In una ciotola separata, sbatti una o due uova fino a ottenere un impasto omogeneo.

Formazione dei Granchi in Crosta di Pane:

☑ Prendi una porzione del composto di carne di granchio e forma dei piccoli dischi o palline.

☑   Passa ogni porzione nell'impasto di uova sbattute e poi
nella miscela di crosta di pane, assicurandoti che siano ben
rivestiti.

Cottura in Padella:

☑   In una padella, scalda un po' di olio d'oliva extravergine a fuoco medio-alto.

☑   Aggiungi i granchi in crosta di pane nella padella e cuoci per circa 2-3 minuti su ciascun lato, o finché sono dorati e
croccanti.

Finale e Servizio:

☑   Una volta cotti, togli i granchi in crosta di pane dalla
padella e posizionali su un piatto con carta assorbente per
eliminare l'eccesso di olio.

Servizio:

///

☑   Servi i granchi in crosta di pane come piatto principale o
antipasto, magari accompagnati da una salsa di immersione
o una fresca insalata.

Questa ricetta di granchi in crosta di pane offre un contrasto delizioso tra la morbidezza della carne di granchio e la croccantezza
della crosta di pane dorata. Il formaggio, il prezzemolo e l'aglio
aggiungono un tocco aromatico, mentre il succo di limone e il
burro conferiscono una nota di freschezza e sapore.

13

SALSE E CONDIMENTI

In questo capotolo esploriamo un mondo di sapori straordinari, e in particolare, ci immergiamo nelle ricette delle salse e condimenti a base di granchio blu. Questo magnifico crostaceo, noto per il suo colore vibrante e la carne succulenta, diventa il protagonista indiscusso di creazioni culinarie che spaziano dall'elegante al casual. Unendo la freschezza dei frutti di mare con l'arte della salsa, vi porteremo attraverso una serie di gustosi e innovativi accompagnamenti che esalteranno il sapore unico del granchio blu. Preparatevi a tuffarvi in un mare di sapori, dove la magia delle salse incontra la prelibatezza del granchio blu, creando un'esperienza culinaria indimenticabile.

UN DELIZIOSO OSPITE SGRADITO -
*Scopriamo insieme l'Origine, la Pesca
e come cucinare il Granchio Blu*

13.1

Salsa al Granchio Blu e Limone

Una salsa fresca e vibrante che unisce il sapore del granchio blu con l'acidità del limone. Frulla la carne di granchio blu, succo di limone, olio d'oliva, prezzemolo e pepe nero per ottenere una salsa perfetta per pasta, pesce alla griglia o verdure.

Ingredienti:

1 granchio blu, cotto e sgranato
Succo e scorza grattugiata di 1 limone
2 cucchiai di burro non salato
2 spicchi d'aglio, tritati finemente
1 tazza di panna da cucina
Sale e pepe nero q.b.
Prezzemolo fresco, tritato (per guarnire)

Istruzioni:

Preparazione del Granchio Blu:

☑ Se il granchio non è già cotto e sgranato, cuocilo in acqua bollente leggermente salata fino a quando la corazza cambia colore (solitamente diventa rossa) e la carne è cotta. Scola e lascia raffreddare leggermente prima di sgranarlo.

Preparazione della Salsa:

☑ In una padella, sciogli il burro a fuoco medio-basso. Aggiungi gli spicchi d'aglio tritati e soffriggi fino a quando sono dorati e aromatici.

☑ Versa la panna da cucina nella padella con l'aglio soffritto. Mescola bene e porta a ebollizione. Riduci il fuoco a medio-basso.

☑ Aggiungi la carne di granchio sgranata alla padella con la panna. Mescola delicatamente per combinare il granchio con la salsa.

☑ Aggiungi il succo di limone fresco e la scorza grattugiata di limone alla salsa. Mescola bene per incorporare i sapori freschi del limone.

☑ Assaggia la salsa e aggiusta il sale e il pepe nero secondo le tue preferenze.

Riscaldamento e Servizio:

☑ Riscalda la salsa a fuoco medio-basso, ma non farla bollire eccessivamente.

☑ Una volta riscaldata, la salsa è pronta per essere servita.

Servizio:

☑ Versa la salsa al granchio blu e limone su pasta fresca o gnocchi, oppure utilizzala come condimento per carne o pesce.

☑ Cospargi prezzemolo fresco tritato sulla parte superiore come guarnizione.

Questa salsa al granchio blu e limone è una deliziosa combinazione di sapori di mare e acidità fresca del limone. La cremosità della panna si sposa perfettamente con la carne di granchio, mentre il limone aggiunge una nota di freschezza che bilancia il piatto. Puoi utilizzare questa salsa per arricchire molti piatti, rendendoli speciali ed eleganti.

UN DELIZIOSO OSPITE SGRADITO -
*Scopriamo insieme l'Origine, la Pesca
e come cucinare il Granchio Blu*

13.2

Crema di Granchio Blu e Mascarpone

Un condimento lussuoso e cremoso che sposa la dolcezza del granchio blu con la ricchezza del mascarpone. Frulla la carne di granchio blu, mascarpone, un tocco di aglio e una spruzzata di vino bianco secco per ottenere una crema indulgente da spalmare su crostini o da servire con crostacei.

Ingredienti:

1 granchio blu, cotto e sgranato
250g di mascarpone
1/4 di tazza di brodo di pesce o acqua
2 cucchiai di burro non salato
2 spicchi d'aglio, tritati finemente
Succo di 1 limone
Sale e pepe nero q.b.
Prezzemolo fresco, tritato (per guarnire)
Crostini o pane tostato (per servire)

Istruzioni:

Preparazione del Granchio Blu:

Se il granchio non è già cotto e sgranato, cuocilo in acqua bollente leggermente salata fino a quando la corazza cambia colore (solitamente diventa rossa) e la carne è cotta. Scola e lascia raffreddare leggermente prima di sgranarlo.

Preparazione della Crema:

☑   In una padella, sciogli il burro a fuoco medio-basso. Aggiungi gli spicchi d'aglio tritati e soffriggi fino a quando sono dorati e aromatici.

☑   Versa il brodo di pesce o l'acqua nella padella con l'aglio soffritto. Porta a ebollizione e lascia ridurre leggermente.

☑   Aggiungi il mascarpone alla padella con il brodo. Mescola bene fino a ottenere una crema liscia e omogenea.

☑   Aggiungi la carne di granchio sgranata alla crema di mascarpone. Mescola delicatamente per combinare il granchio con la crema.

☑   Aggiungi il succo di limone fresco alla crema. Mescola bene per incorporare i sapori freschi del limone.

Riscaldamento e Servizio:

☑   Riscalda la crema a fuoco medio-basso, ma non farla bollire eccessivamente.

☑   Una volta riscaldata, la crema è pronta per essere servita.

Servizio:

☑   Versa la crema di granchio blu e mascarpone su crostini o pane tostato come antipasto o aperitivo.

☑   Cospargi prezzemolo fresco tritato sulla parte superiore come guarnizione.

Questa crema di granchio blu e mascarpone è un'opzione indulgente e cremosa perfetta per uno spuntino o un aperitivo spe-

UN DELIZIOSO OSPITE SGRADITO -
*Scopriamo insieme l'Origine, la Pesca
e come cucinare il Granchio Blu*

ciale. La combinazione del mascarpone con il granchio crea una consistenza vellutata e ricca, mentre il limone aggiunge un tocco di freschezza. I crostini o il pane tostato completano questa delizia, creando un'esperienza gustativa equilibrata tra sapori, consistenze e guarnizioni.

13.3

Salsa di Granchio Blu e Pomodorini

Un mix di dolcezza e acidità, questa salsa unisce la carne di granchio blu con pomodorini freschi, aglio e basilico. Cucina il granchio blu con i pomodorini a fuoco lento per creare una salsa da servire su pasta o gnocchi.

Ingredienti:

1 granchio blu, cotto e sgranato
2 tazze di pomodorini ciliegia, tagliati a metà
2 spicchi d'aglio, tritati finemente
1/4 di tazza di vino bianco secco
2 cucchiai di olio d'oliva extravergine
Peperoncino rosso secco (opzionale)
Sale e pepe nero q.b.
Prezzemolo fresco, tritato (per guarnire)
Pasta fresca o secca (per servire)

Istruzioni:

Preparazione del Granchio Blu:

Se il granchio non è già cotto e sgranato, cuocilo in acqua bollente leggermente salata fino a quando la corazza cambia colore (solitamente diventa rossa) e la carne è cotta. Scola e

UN DELIZIOSO OSPITE SGRADITO -
*Scopriamo insieme l'Origine, la Pesca
e come cucinare il Granchio Blu*

lascia raffreddare leggermente prima di sgranarlo.

Preparazione della Salsa:

In una padella grande, scalda l'olio d'oliva extravergine a fuoco medio.

Aggiungi gli spicchi d'aglio tritati e i pomodorini ciliegia tagliati a metà nella padella. Aggiungi anche il peperoncino rosso secco, se desiderato, per un tocco di piccantezza. Soffriggi gli ingredienti fino a quando i pomodorini iniziano a rilasciare i loro succhi e l'aglio è aromatico.

Versa il vino bianco secco nella padella. Lascia cuocere per qualche minuto, consentendo al vino di ridursi e amalgamarsi con i sapori.

Aggiungi la carne di granchio sgranata nella padella. Mescola delicatamente per distribuire il granchio con gli altri ingredienti.

Lascia cuocere la salsa a fuoco medio-basso per circa 10-15 minuti, o finché i pomodorini si sono ammorbiditi e hanno creato una salsa succosa.

Aggiusta il sale e il pepe nero secondo le tue preferenze.

Servizio:

Servi la salsa di granchio blu e pomodorini su pasta fresca o secca di tua scelta.

Guarnizione:

Cospargi prezzemolo fresco tritato sulla parte superiore come guarnizione prima di servire.

Questa salsa di granchio blu e pomodorini è una scelta deliziosa per arricchire la tua pasta con sapori di mare e freschezza. I pomodorini ciliegia si fondono con la carne di granchio per creare una salsa succosa e saporita. Il peperoncino rosso secco aggiunge un tocco di vivacità, ma puoi adattare la quantità in base alle tue preferenze di piccantezza.

13.4

Salsa di Granchio Blu e Peperoncino

Una salsa piccante che combina la dolcezza del granchio blu con il calore del peperoncino. Frulla la carne di granchio blu, peperoncino fresco o peperoncino rosso secco, aglio e olio d'oliva per creare una salsa intensa e appassionante.

Ingredienti:

1 granchio blu, cotto e sgranato
2 cucchiai di olio d'oliva extravergine
2 spicchi d'aglio, tritati finemente
1 peperoncino rosso fresco, tagliato a rondelle sottili (rimuovi i semi se desideri una salsa meno piccante)
1/4 di tazza di vino bianco secco
1 tazza di passata di pomodoro
Sale e pepe nero q.b.
Prezzemolo fresco, tritato (per guarnire)
Pasta fresca o secca (per servire)

Istruzioni:

Preparazione del Granchio Blu:

☑ Se il granchio non è già cotto e sgranato, cuocilo in acqua bollente leggermente salata fino a quando la corazza cambia colore (solitamente diventa rossa) e la carne è cotta. Scola e lascia raffreddare leggermente prima di sgranarlo.

Preparazione della Salsa:

☑ In una padella grande, scalda l'olio d'oliva extravergine a fuoco medio.

Soffriggere gli Ingredienti:

☑ Aggiungi gli spicchi d'aglio tritati e il peperoncino rosso tagliato a rondelle sottili nella padella. Soffriggi gli ingredienti fino a quando l'aglio è aromatico e il peperoncino inizia a rilasciare il suo aroma piccante.

Aggiunta del Vino:

☑ Versa il vino bianco secco nella padella. Lascia cuocere per qualche minuto, consentendo al vino di ridursi leggermente.

Aggiunta della Passata di Pomodoro:

☑ Aggiungi la passata di pomodoro nella padella. Mescola bene per combinare gli ingredienti.

Incorporazione del Granchio:

☑ Aggiungi la carne di granchio sgranata nella padella. Mescola delicatamente per distribuire il granchio con gli altri ingredienti.

Cottura e Condimento:

☑ Lascia cuocere la salsa a fuoco medio-basso per circa 15-20 minuti, o finché si è addensata leggermente e i sapori si sono amalgamati.

Regolazione del Sapore:

☑ Aggiusta il sale e il pepe nero secondo le tue preferenze.

Servizio:

☑ Servi la salsa di granchio blu e peperoncino su pasta fresca o secca di tua scelta.

Guarnizione:

☑ Cospargi prezzemolo fresco tritato sulla parte superiore come guarnizione prima di servire.

Questa salsa di granchio blu e peperoncino è perfetta per gli amanti dei sapori piccanti. Il peperoncino rosso fresco aggiunge un tocco di calore alla salsa, mentre la carne di granchio si sposa con la passata di pomodoro per creare un sapore ricco e saporito. Servila su pasta per un piatto robusto e gustoso. Adatta la quantità di peperoncino secondo le tue preferenze di piccantezza.

13.5

Salsa di Granchio Blu e Aneto

Un'opzione fresca e profumata che accosta il granchio blu all'aroma fresco dell'aneto. Mescola la carne di granchio blu con yogurt greco, aneto tritato, succo di limone e una spolverata di sale e pepe per una salsa da servire con pesce, pollo o verdure.

Ingredienti:

1 granchio blu, cotto e sgranato
2 cucchiai di olio d'oliva extravergine
2 spicchi d'aglio, tritati finemente
1/4 di tazza di vino bianco secco
1 tazza di panna da cucina
2 cucchiai di aneto fresco, tritato
Sale e pepe nero q.b.
Succo di 1 limone
Pasta fresca o secca (per servire)

Istruzioni:

Preparazione del Granchio Blu:

☑ Se il granchio non è già cotto e sgranato, cuocilo in acqua bollente leggermente salata fino a quando la corazza cambia colore (solitamente diventa rossa) e la carne è cotta. Scola e

UN DELIZIOSO OSPITE SGRADITO -
*Scopriamo insieme l'Origine, la Pesca
e come cucinare il Granchio Blu*

lascia raffreddare leggermente prima di sgranarlo.

Preparazione della Salsa:

☑ In una padella grande, scalda l'olio d'oliva extravergine a fuoco medio.

☑ Aggiungi gli spicchi d'aglio tritati nella padella. Soffriggi l'aglio fino a quando è aromatico e leggermente dorato.

☑ Versa il vino bianco secco nella padella. Lascia cuocere per qualche minuto, consentendo al vino di ridursi leggermente.

☑ Versa la panna da cucina nella padella. Mescola bene e porta a ebollizione. Riduci il fuoco a medio-basso.

☑ Aggiungi la carne di granchio sgranata e l'aneto fresco tritato nella padella. Mescola delicatamente per distribuire il granchio e l'aneto con gli altri ingredienti.

☑ Aggiungi il succo di limone fresco alla salsa. Mescola bene per incorporare il sapore fresco del limone.

☑ Assaggia la salsa e aggiusta il sale e il pepe nero secondo le tue preferenze.

Servizio:

☑ Servi la salsa di granchio blu e aneto su pasta fresca o secca di tua scelta.

Questa salsa di granchio blu e aneto offre un delizioso equilibrio tra la ricchezza della panna e la freschezza dell'aneto. La carne di granchio aggiunge un sapore di mare, mentre il succo di limone e l'aneto aggiungono una nota di luminosità. Servila su pasta per un piatto elegante e aromatico, perfetto per un'occasione speciale o una cena gourmet.

DOLCI

Benvenuti nel regno della dolcezza marina, dove l'inatteso si fonde con il delizioso per creare una sinfonia di sapori unica nel suo genere. In questo capitolo dedicato alle creazioni dolci a base di granchio blu, esploreremo un mondo affascinante in cui il mare incontra il dessert, dando vita a prelibatezze inaspettate che conquisteranno il vostro palato. Lasciatevi trasportare dall'azzardo e dall'originalità di abbinamenti che sfidano le convenzioni, mentre scopriamo insieme come il sapore delicato e succoso del granchio blu può sposarsi con la dolcezza zuccherina.

Immaginatevi un crostaceo dai toni cobalto che si fonde armoniosamente con la dolcezza di creme vellutate e la croccantezza di basi biscottate. Le sfumature salmastre dell'oceano si intrecciano con note dolci e sorprendenti, dando vita a creazioni che si ergono al di là delle aspettative. Questo capitolo vi invita a esplorare il lato audace della cucina, a lasciarvi sorprendere da abbinamenti che sembrano provenire da mondi diversi ma che, una volta uniti, creano una sinfonia gustativa memorabile. Siete pronti a sperimentare una dolcezza marina che vi lascerà senza parole? Prendete un assaggio di avventura e preparatevi a gustare il lato insolito e affascinante del mondo dei dessert a base di granchio blu.

UN DELIZIOSO OSPITE SGRADITO -
*Scopriamo insieme l'Origine, la Pesca
e come cucinare il Granchio Blu*

14.1

Gelato al Granchio Blu e Caramello Salato

Un gelato sorprendente che unisce il sapore del granchio blu con una salsa di caramello salato. Prepara una base di gelato alla vaniglia e incorpora carne di granchio blu sbriciolata. Servi con una generosa cucchiaiata di salsa di caramello salato.

Ingredienti:

Per il Gelato:

200g di carne di granchio blu, cotta e sgranata
2 tazze di panna fresca
1 tazza di latte intero
3/4 di tazza di zucchero
5 tuorli d'uovo
1 cucchiaino di estratto di vaniglia

Per il Caramello Salato:

1 tazza di zucchero
1/2 tazza di panna fresca
1/4 di cucchiaino di sale

Istruzioni:

Preparazione del Gelato:

☑ In una ciotola, sbatti i tuorli d'uovo con lo zucchero fino a ottenere un composto chiaro e spumoso.

☑ In una pentola, scaldare la panna fresca e il latte fino a quando inizia a formare piccole bolle lungo i bordi. Non far bollire.

☑ Versa lentamente una piccola quantità di miscela di panna e latte nella ciotola con i tuorli sbattuti, mescolando continuamente. Questo procedimento evita che le uova si coagulino a causa del calore.

☑ Versa la miscela di uova e panna nella pentola con il resto della panna e del latte. Cuoci a fuoco medio-basso, mescolando costantemente, finché la miscela si addensa leggermente e può ricoprire il retro di un cucchiaio.

☑ Togli dal fuoco e lascia raffreddare leggermente. Aggiungi la carne di granchio blu sgranata e l'estratto di vaniglia. Mescola bene per distribuire uniformemente la carne di granchio.

☑ Copri la miscela con pellicola trasparente a contatto (ossia facendo aderire la pellicola alla superficie del composto) per evitare la formazione di una crosta durante il raffreddamento. Metti in frigorifero e lascia raffreddare completamente.

Preparazione della Salsa al Caramello Salato:

☑ In una pentola, sciogli lo zucchero a fuoco medio fino a ottenere un caramello dorato.

☑ Togli dal fuoco e aggiungi la panna fresca con cautela (il caramello potrebbe bollire). Mescola bene fino a ottenere una salsa liscia e uniforme. Aggiungi il sale e mescola per incorporare.

☑ Lascia raffreddare la salsa al caramello salato.

Combinazione del Gelato e del Caramello:

☑ Versa la miscela del gelato nella macchina per gelato seguendo le istruzioni del produttore. Quando il gelato è pronto, trasferiscilo in un contenitore per gelato, alternando strati di gelato con strati di salsa al caramello salato. Mescola leggermente per distribuire la salsa.

Congelamento:

☑ Copri il contenitore con un coperchio e metti in freezer per almeno 4-6 ore, o fino a quando il gelato è ben congelato.

Servizio:

☑ Servi il gelato al granchio blu e caramello salato in ciotole o coni da gelato. Puoi guarnire con scaglie di cioccolato o una spruzzata aggiuntiva di salsa al caramello salato.

Questa insolita ricetta di gelato al granchio blu e caramello salato unisce sapori audaci e inaspettati in un dessert unico. Il sapore delicato del granchio blu si fonde con la dolcezza del gelato e il contrasto del caramello salato, creando un'esperienza gustativa intrigante e sorprendente.

Torta al Cioccolato e Granchio Blu

Una torta che combina la ricchezza del cioccolato con il sapore delicato del granchio blu. Prepara un impasto al cioccolato e aggiungi pezzetti di carne di granchio blu sbriciolata. Cuoci al forno e guarnisci con cioccolato fuso e pezzi di granchio blu.

Ingredienti:

per la Base:

200g di biscotti al cioccolato
100g di burro non salato, fuso

per il Ripieno:

200g di granchio blu, cotto e sgranato
250g di formaggio cremoso
1/2 tazza di zucchero a velo
1 cucchiaino di estratto di vaniglia
1 tazza di panna fresca

per la Copertura:

150g di cioccolato fondente, spezzettato
1/2 tazza di panna fresca
2 cucchiai di burro non salato

UN DELIZIOSO OSPITE SGRADITO -
*Scopriamo insieme l'Origine, la Pesca
e come cucinare il Granchio Blu*

Istruzioni:

Preparazione della Base:

☒ Trita i biscotti al cioccolato in un mixer o mettili in un sacchetto e schiacciali con un mattarello fino a ridurli in briciole.

☒ Mescola le briciole di biscotti con il burro fuso fino a ottenere un composto umido.

☒ Pressa il composto di biscotti nel fondo di una tortiera a cerniera (circa 23 cm di diametro), livellando con il dorso di un cucchiaio. Metti in frigo mentre prepari il ripieno.

Preparazione del Ripieno:

☒ In una ciotola, sbatti il formaggio cremoso con lo zucchero a velo fino a ottenere un composto liscio e cremoso.

☒ Aggiungi la carne di granchio blu sgranata e l'estratto di vaniglia al composto di formaggio. Mescola delicatamente per combinare gli ingredienti.

Montaggio e Cottura:

☒ Versa il ripieno sulla base di biscotti nella tortiera.

☒ Livella la superficie con una spatola.

Cottura al Forno:

☒ Preriscalda il forno a 180°C (350°F).

☒ Cuoci la torta al cioccolato e granchio blu nel forno preriscaldato per circa 25-30 minuti, o finché il ripieno sia fissato e la superficie sia leggermente dorata.

Raffreddamento:

▨ Lascia raffreddare la torta in teglia per circa 15-20 minuti, quindi rimuovi delicatamente il bordo della tortiera a cerniera.

▨ Trasferisci la torta su un piatto da portata.

Preparazione della Copertura:

▨ In un pentolino, scaldare la panna fresca fino a quando inizia a bollire. Togli dal fuoco.

▨ Aggiungi il cioccolato fondente spezzettato e il burro al pentolino con la panna calda. Mescola fino a ottenere una glassa liscia e lucida.

Versamento della Copertura:

▨ Versa la glassa al cioccolato sulla superficie della torta, consentendo che colpisca i bordi e goccioli leggermente verso il basso.

Raffreddamento:

▨ Lascia raffreddare completamente la torta in frigorifero per almeno 2-3 ore, o finché la glassa si è solidificata.

Taglio e Servizio:

▨ Taglia la torta a spicchi e servi come dessert sorprendente.

Questa torta al cioccolato e granchio blu è una combinazione straordinaria di sapori, unendo la ricchezza del cioccolato con la delicatezza del granchio blu. Il ripieno cremoso e la copertura al cioccolato fondente creano un equilibrio perfetto tra dolcezza e salinità. Guarnisci con scaglie di cioccolato o pezzi di granchio blu per un tocco di eleganza extra.

UN DELIZIOSO OSPITE SGRADITO -
*Scopriamo insieme l'Origine, la Pesca
e come cucinare il Granchio Blu*

14.3

Cannoli Siciliani al Granchio Blu

Un twist sorprendente sui tradizionali cannoli siciliani. Prepara i gusci di cannoli croccanti e riempili con una crema di granchio blu, formaggio ricotta, zucchero a velo e gocce di cioccolato fondente.

Ingredienti:

per i Gusci dei Cannoli:

200g di farina 00
20g di zucchero
1 pizzico di sale
1 uovo
2 cucchiai di olio vegetale
120ml di vino bianco secco
Olio di semi (per la frittura)
Zucchero a velo (per la guarnizione)

per il Ripieno al Granchio Blu:

200g di granchio blu, cotto e sgranato
150g di ricotta fresca di pecora o mucca
2 cucchiai di maionese
Succo di 1 limone
Sale e pepe nero q.b.
Scorza di limone grattugiata (per la guarnizione)

Istruzioni:

Preparazione della Pasta dei Cannoli:

☑ In una ciotola, setaccia la farina e mescolala con lo zucchero e il sale.

☑ Aggiungi l'uovo e l'olio vegetale. Mescola gli ingredienti fino a ottenere una consistenza sabbiosa.

☑ Aggiungi il vino bianco poco alla volta, impastando fino a ottenere un impasto liscio ed elastico.

☑ Copri l'impasto con un panno e lascialo riposare per almeno 30 minuti.

Stendere e Frittura dei Guscio dei Cannoli:

☑ Dividi l'impasto in porzioni più piccole. Stendi ogni porzione sottile su una superficie infarinata.

☑ Avvolgi l'impasto steso attorno ai tubi per cannoli precedentemente unti con olio di semi, sovrapponendo leggermente i bordi e premendoli per sigillarli.

☑ Scalda l'olio di semi in una pentola a circa 180°C (350°F). Fritti i gusci dei cannoli fino a quando sono dorati e croccanti. Usa delle pinze per maneggiarli con attenzione.

☑ Scolali su carta assorbente per eliminare l'eccesso di olio. Lasciali raffreddare prima di rimuovere i tubi e procedere con il riempimento.

Preparazione del Ripieno al Granchio Blu:

☑ In una ciotola, mescola la carne di granchio blu sgranata con la ricotta fresca e la maionese.

☑ Aggiungi il succo di limone e mescola bene. Aggiusta il sale e il pepe nero secondo le tue preferenze.

UN DELIZIOSO OSPITE SGRADITO -
*Scopriamo insieme l'Origine, la Pesca
e come cucinare il Granchio Blu*

Riempimento dei Cannoli:

☑ Riempire i gusci dei cannoli con il ripieno al granchio blu, usando una sac-à-poche o un cucchiaio.

☑ Cospargere la parte aperta dei cannoli con scorza di limone grattugiata.

Servizio:

☑ Spolvera i cannoli con zucchero a velo prima di servirli.

I Cannoli Siciliani al Granchio Blu sono un'interpretazione creativa di un classico dolce italiano. La combinazione della croccantezza dei gusci dei cannoli con il ripieno di granchio blu, ricotta e limone crea un contrasto di sapori e consistenze che sorprenderà i tuoi ospiti. Guarnisci con scorza di limone grattugiata per un tocco di freschezza. Questi cannoli sono perfetti per occasioni speciali o per aggiungere una nota originale al tuo menu.

Panna Cotta al Granchio Blu e Frutti di Bosco

Una panna cotta setosa e raffinata arricchita con carne di granchio blu. Prepara la panna cotta tradizionale e incorpora delicatamente pezzi di granchio blu. Servi con una salsa di frutti di bosco freschi per un contrasto di sapori.

Ingredienti:

per la Panna Cotta:

200g di granchio blu, cotto e sgranato
2 tazze di panna fresca
1/2 tazza di latte intero
1/2 tazza di zucchero
2 cucchiaini di gelatina in polvere
2 cucchiai di acqua fredda

per la Salsa di Frutti di Bosco:

1 tazza di frutti di bosco misti (fragole, lamponi, mirtilli, ecc.)
1/4 di tazza di zucchero
Succo di mezzo limone

UN DELIZIOSO OSPITE SGRADITO -
*Scopriamo insieme l'Origine, la Pesca
e come cucinare il Granchio Blu*

Istruzioni:

Preparazione della Panna Cotta:

- In una ciotola piccola, mescola la gelatina in polvere con l'acqua fredda. Lascia riposare per alcuni minuti per idratare la gelatina.

Preparazione:

- Trita finemente la carne di granchio blu sgranata.
- Riscaldamento della Miscela di Panna e Latte:
- In una pentola, scaldare la panna fresca e il latte fino a quando inizia a formare piccole bolle lungo i bordi. Non far bollire.
- Aggiungi la carne di granchio blu tritata alla miscela di panna e latte. Mescola bene per distribuire uniformemente il granchio.

Combinazione degli Ingredienti:

- Riscalda leggermente la miscela di gelatina in polvere fino a quando si scioglie completamente.
- Aggiungi la gelatina sciolta alla miscela di panna, latte e granchio. Mescola bene fino a ottenere un composto omogeneo.
- Aggiungi lo zucchero e l'estratto di vaniglia, mescolando fino a quando lo zucchero si è sciolto completamente.

Versamento nella Forma:

- Versa delicatamente la miscela della panna cotta nelle forme individuali o in un unico stampo. Lascia raffreddare leggermente a temperatura ambiente prima di mettere in frigorifero.

Raffreddamento e Solidificazione:

☒ Metti le forme in frigorifero e lascia raffreddare e soli-
dificare per almeno 4 ore, o preferibilmente durante la notte.

Preparazione della Salsa di Frutti di Bosco:

☒ In una pentola, cuoci i frutti di bosco misti con lo zucchero e il succo di limone a fuoco medio-basso. Cuoci fino a
quando i frutti si ammorbidiscono e rilasciano i loro succhi,
creando una salsa spessa. Schiaccia leggermente i frutti con
una forchetta durante la cottura.

Raffreddamento della Salsa:

☒ Lascia raffreddare la salsa di frutti di bosco a temperatura ambiente.

Servizio:

☒ Per servire, rovescia delicatamente le panna cotta sui
piatti da dessert e guarnisci con la salsa di frutti di bosco
sopra.

Questa panna cotta al granchio blu e frutti di bosco è una combinazione elegante di sapori del mare e dolci. La delicatezza del
granchio blu si fonde armoniosamente con la dolcezza dei frutti
di bosco, creando un dessert raffinato e sorprendente. La consistenza setosa della panna cotta si sposa perfettamente con la salsa di frutti di bosco, rendendo ogni boccone una delizia. Servila
come chiusura perfetta per un pasto speciale.

Note sull'autore: Chi sono

Sono Vittoria Bugliatti, una donna dallo spirito creativo e intraprendente, e incarno l'equilibrio perfetto tra la mia passione ardente per la cucina e una carriera nel mondo del marketing e della comunicazione. A 42 anni, ho coltivato fin da giovane un amore per l'arte culinaria, trascorrendo le mie giornate a sperimentare nuove ricette e a raffinare le mie abilità gastronomiche. Tuttavia, la mia carriera professionale mi ha portata lungo un sentiero altrettanto affascinante, impegnandomi nella creazione di strategie creative e innovative nel mondo del marketing.

Madre di un figlio che rappresenta la luce della mia vita, mi trovo spinta dal desiderio di lasciare un mondo migliore per le generazioni future. Originaria di una regione costiera del Mediterraneo, ho sempre avuto un legame profondo con il mio territorio e con il mare che lo circonda. È proprio questa passione per l'ambiente e il mio impegno a livello locale che mi hanno spinto a scrivere questo libro. Ho deciso di affrontare la sfida del granchio blu, una minaccia per le coste del Mediterraneo, unendo le mie due passioni: cucina e impegno territoriale.

Così è nato il mio libro, un progetto che va oltre la semplice raccolta delle deliziose ricette a base di granchio blu. Rappresenta anche una prospettiva sulla capacità di trasformare le sfide in opportunità. Questo dimostra che quando ci si confronta con una sfida con autentica passione e ferma determinazione, si possono raggiungere risultati eccezionali.

Caro lettore,

spero che questo viaggio nel mondo del Granchio Blu ti abbia ispirato e appassionato quanto me. Se hai apprezzato la lettura e vuoi condividere le tue opinioni, ti chiedo gentilmente di dedicare qualche minuto a lasciare una piccola recensione su Amazon.

Le vostre parole sono preziose e aiutano altri lettori a scoprire questa avventura culinaria. Grazie di cuore per il vostro sostegno e per essere parte di questa straordinaria avventura gastronomica.

A presto

Vittoria Bugliatti

www.ingramcontent.com/pod-product-compliance
Lightning Source LLC
Chambersburg PA
CBHW070020300526
45794CB00001B/373